断路器机械特性检测技术

DUANLUQI JIXIE TEXING JIANCE JISHU

国家电网有限公司设备管理部　编

中国电力出版社

CHINA ELECTRIC POWER PRESS

内 容 提 要

为提升断路器机械特性检测技术水平，国家电网有限公司设备管理部编写《断路器机械特性检测技术》。

本书共9章，主要内容包括概述、断路器机械特性检测技术基础知识、断路器机械特性检测设备、断路器机械特性检测项目及依据、断路器停电机械特性检测及诊断、断路器机械特性在线监测及评价、故障诊断、断路器机械特性检测新技术、典型案例，系统地介绍了断路器机械特性检测的原理、方法及分析诊断。

本书可供断路器机械特性检测工作相关的生产厂家、施工、监理、试验、检测、运行、维护、技术管理人员学习使用，也可以作为有关专业院校师生的参考书。

图书在版编目（CIP）数据

断路器机械特性检测技术 / 国家电网有限公司设备管理部编. —北京：中国电力出版社，2023.12

ISBN 978-7-5198-6873-4

Ⅰ. ①断… Ⅱ. ①国… Ⅲ. ①断路器–机械性能–性能检测 Ⅳ. ①TM561

中国版本图书馆 CIP 数据核字（2022）第 111335 号

出版发行：中国电力出版社
地　　址：北京市东城区北京站西街 19 号（邮政编码 100005）
网　　址：http://www.cepp.sgcc.com.cn
责任编辑：邓慧都
责任校对：黄　蓓　王小鹏
装帧设计：张俊霞
责任印制：石　雷

印　　刷：三河市航远印刷有限公司
版　　次：2023 年 12 月第一版
印　　次：2023 年 12 月北京第一次印刷
开　　本：710 毫米×1000 毫米　16 开本
印　　张：10.75
字　　数：157 千字
印　　数：0001—3000 册
定　　价：70.00 元

《断路器机械特性检测技术》

编 委 会

前言
Preface

　　智能电网离不开高可靠的高压断路器，其运行状态将直接影响整个电力系统的稳定性和供电的可靠性。开展对高压断路器状态检测及故障诊断技术的研究，将促进状态检修工作进一步深化，有利于高压断路器的可靠运行。在所有故障中，故障率最高的是动作失灵故障，而动作失灵故障大多表现为断路器拒分、拒合以及误动作，这些故障大多都是由机械原因引起的。断路器故障将会引起电力系统断路、短路、停电，甚至设备烧损等重大故障。高压断路器机械特性检测能够通过对断路器操动过程中分/合闸时间、三相不同期时间、重合闸时间、弹跳时间等关键机械参数的测量来完成高压断路器的性能检测与故障判断，对于减少高压断路器故障具有重要意义。

　　为总结国家电网有限公司在断路器机械特性检测技术方面相关工作经验及研究成果，丰富断路器生产厂家、机械特性测试设备生产厂家，以及工程施工、工程监理、试验检测、运行维护、技术管理等单位的人员关于断路器机械特性检测方面的知识，国家电网有限公司设备管理部编写《断路器机械特性检测技术》，全面详细地从断路器结构原理，机械特性检测项目、标准、原理、方法、结果诊断以及故障分析等方面进行介绍。

本书共 9 章，第 1 章为概述；第 2 章主要介绍了断路器机械特性检测技术基础知识；第 3 章介绍了断路器机械特性检测设备；第 4 章介绍了断路器机械特性检测项目及依据；第 5 章介绍了断路器停电机械特性检测及诊断；第 6 章介绍了断路器机械特性在线监测及评价；第 7 章为故障诊断；第 8 章介绍了断路器机械特性检测新技术；第 9 章为典型案例。

由于时间紧迫、编者水平有限，书中难免存在不妥或疏漏之处，恳请广大读者提出宝贵意见和建议。

编　者

2023 年 12 月

目录
Contents

第1章

概　　述

1.1　断路器机械特性检测的必要性

所谓断路器，国际电工委员会（IEC）给出的定义是指能关合、导通并开断正常状态的电流，且能在规定的短路等异常状态下，在一定时间内具有关合、导通和开断能力的电气设备。虽然断路器也叫"开关"，但它与隔离开关具有本质上的区别，即断路器具有良好的灭弧性能，能够在规定条件下切断短路电流。

按设计电压水平不同，断路器可分为低压断路器和高压断路器。一般将电力系统中使用的额定电压为 1kV 以下的断路器称为低压断路器，1kV 及以上的断路器称为高压断路器。断路器这一分类目前被 IEC 和 IEEE/ANSI 标准所采纳。断路器也可分为直流断路器和交流断路器。本书讨论的均指高压交流断路器（high-voltage alternating-current circuit-breakers），以下简称断路器。

断路器是一个融合了机械结构和电气控制元件的组合体，它可能一年半载都不动作一次，但一有指令，则必须在很短的时间内完成相应动作。断路器性能的劣化将导致动作时间变慢或完全无法分闸，可能引起断路器保护失效或备用保护动作，甚至造成大面积停电。

由于断路器在电力系统中的重要作用，所以其运行状态将直接影响整个电力系统的稳定性和供电的可靠性。随着经济社会的发展，人们对电能的需求量不断增加，对电能质量和供电可靠性的要求越来越高，人们对电能的依赖程度越来越高，同时电力系统的规模与容量与日俱增，相应地对断路器安全性和可靠性提出了更高的要求。据相关统计，如果电力行业每增加2000万kW的发电设备，则各种电压等级断路器预计增加187 860台。如果把原有电力系统中需要更换的断路器考虑在内，则断路器的数量还会增加15%。在高压断路器需求量持续增加的市场前提下，如何保障断路器产品出厂性能以及工作过程中的稳定性与可靠性，无疑至关重要。

据国内外不完全统计，绝大多数因高压断路器导致的电力事故主要是由于机构存在不同程度的机械缺陷。据日本统计，由于断路器的机械故障导致的事故率约为90%，IEC统计的数据为88%，我国电力部门统计的数据为85%左右。因此，断路器机械性能的优劣直接关系着电网运行的健康水平。其中，机械磨损、润滑失效、腐蚀老化等原因都可能导致断路器机械性能劣化，动作时间变慢或完全无法分闸将可能导致断路器保护失效或备用保护动作，甚至造成大面积停电。

断路器机械故障发生一般具有随机性和多重性。随机性指的是系统内的任何因素包括零配件内在品质都可能导致故障的发生；多重性指的是断路器的一种故障往往是由于几个原因同时作用导致，特别是断路器分合闸线圈匝间短路、分合闸速度超标以及主触头电阻变大等一些隐性故障，将很难通过观察或者经验进行定位排查，这时必须通过特定检测方法来判断高压断路器是否存在缺陷或者是否可能发生故障。

断路器机械特性测试是检测断路器机械性能参数的关键手段，通过对高压断路器操动过程中分合闸时间、三相不同期时间、重合闸时间、弹跳时间等关键机械参数的测量来完成高压断路器的性能检测与故障判断。其主要有两个方面的用途：一方面用于高压断路器出厂前的性能检测，以保证产品性能符合国家标准；另一方面对运行中的断路器进行定期性能检测，以便及时发现缺陷并处理，保证其够长期可靠、稳定运行。

1.2　断路器机械特性检测技术现状

断路器机械特性检测是实现设备状态检修的基础。高压断路器在安装投入或检修后，为保证其安全运行，按规程要求必须进行机械特性参数测试。目前，除需完成操作电压测试外，断路器机械特性的检测方法主要有行程—时间检测法、分/合闸线圈电流检测法、振动信号检测法及图像检测 4 种方法。

1.2.1　行程—时间检测法

断路器的行程时间特性是表征断路器机械特性的重要参数，也是计算断路器分、合闸速度的依据。断路器分合闸速度对断路器的开断性能有至关重要的影响。断路器动触头速度的测量，主要是通过测量动触头的行程—时间关系，然后经过计算得到动触头的速度等参数。因此，断路器的行程—时间特性检测，是断路器机械特性检测的重要内容。典型合闸行程—时间特性曲线如图 1-1 所示。

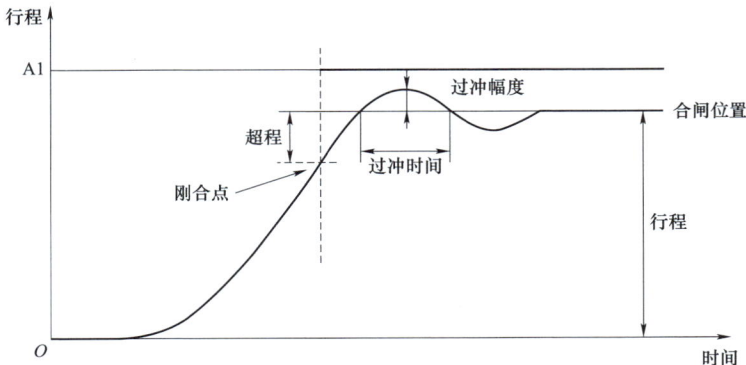

图 1-1　典型合闸行程—时间特性曲线

目前，市场上分析诊断方法也基本成熟，有效性及可靠性都较高，为各地供电部门及生产厂商所认同。部分产品可将测试结果直接打印，部分测试仪还具备 RS232/485 接口，可将测试结果上传，用作进一步分析。行程检测法应该算是一种比较理想的断路器机械特性检测方法，但是其传感器必须现场安装，安装的好坏对测量的准确与否有着极大的影响。对于体积庞大、操动机构复杂的高电压等级的断路器，传感器的安装十分不便，很难保证其准确性。此外，断路器机构的运动轨迹多为弧线，而行程传感器只能测量单一方向的数据，遗漏了部分信息量。

1.2.2 分/合闸线圈电流检测法

断路器一般都是以电磁铁作为操作的第一控制元件，并且大多数断路器皆以直流作为控制电源。在每次分、合过程中，直流电磁线圈的电流随时间变化，此变化波形中蕴藏着极为重要的信息。线圈电流波形可以反映出铁芯行程、铁芯有无卡滞、线圈状态（如是否有短路匝）、与铁芯顶杆连接的铁闩和阀门的状态、分合闸线圈的辅助触点状况、铁芯转换时间。通过对分合操作线圈动作电流的检测，运行人员可以大致了解断路器二次控制回路的工作情况及铁芯的运动有无卡滞等，为检修提供一个辅助判据。分合闸线圈的电流是断路器状态检测的一个重要内容。通过霍尔传感器可以很方便地采集分合闸线圈的电流。通过实测的波形与典型波形进行比较即可判断断路器的铁芯有无卡滞等问题。

典型断路器分/合闸线圈电流波形如图 1-2 所示。波形根据铁芯运动可以分为下列 5 个阶段。

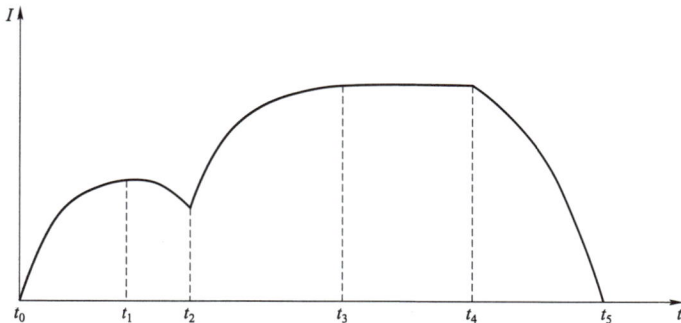

图 1-2 典型断路器分/合闸线圈电流波形

（1）阶段 1，$t=t_0 \sim t_1$。线圈在 t_0 时刻通电，到 t_1 时刻铁芯开始运动。t_0 为断路器分/合命令下达时刻，是断路器分、合动作计时起点。t_1 为线圈中电流、磁通上升到足以驱动铁芯运动时刻，即铁芯开始运动的时刻。这一阶段的特点是电流呈指数上升，铁芯静止。这个阶段的时间与控制电源电压及线圈电阻有关。

（2）阶段 2，$t=t_1\sim t_2$。铁芯运动，电流下降。t_2 为控制电流的谷点，代表铁芯已经触动操动机械的负载因而显著减速或停止运动。

（3）阶段 3，$t=t_2\sim t_3$。铁芯停止运动，电流又呈指数上升。

（4）阶段 4，$t=t_3\sim t_4$。这一阶段是阶段 3 的延续，电流达到近似的稳态。

（5）阶段 5，$t=t_4\sim t_5$。电流开断阶段。辅助开关分段，在辅助开关触点间产生电弧并被拉长，电弧电压快速升高，迫使电流迅速减小，直到熄灭。

分合闸线圈电流检测方法简单方便，现已有多种产品面世。这种方法的主要问题在于：

（1）测量时需将传感器安装于铁芯线圈处，如不事先预置好，需对断路器操动机构进行一定程度的改装。

（2）反映故障类型有限，且主要集中在铁芯问题上，对于其他的机械故障问题，则不能事先反映。

1.2.3　振动信号检测法

机械振动信号是一个丰富的信息载体，包含有大量的设备状态信息，它由一系列瞬态波形构成，每一个瞬态波形都是断路器操作期间内部"事件"的反映。振动是对设备内部多种激励源的响应，通过适当的检测手段和信号处理方法，可以识别振动的激励源，从而找出故障源。

断路器是一种瞬动式机械，在其分合过程中，有一系列运动构件的起动、制动、撞击出现，这些运动形态的改变都在其构架上引起多个冲击振动，每个振动对应着断路器分、合过程中特定的动作事件。这些冲击振动的波形呈上升和衰减过程，其峰值点在时间上具有很好的辨认性。但是，从振动发生到振动传感器测量到的峰值时间之间，总会由于振动波的传播带来一定的误差，因此峰值时间较振动发生时间有一定的时间延迟。不过，检测系统只是根据振动信号来求取各个振动事件之间的时间差，并不一定需要知道其发生的准确时刻。所以只要每个事件均进行了相似的简化，时间差的计算误差不受影响，可以利用振动信号的峰值时间作为各个振动事件的发生时刻，并将它们相减后得到动触头运动过程中各个振动事件之间的时间差。此外，对于某一台特定的断路器而言，在健康状态下它的分、合操作的振动信号具有较强的相似性。对于实时测量得到的振动信号，可在离线实验数据（振动信号波形和机械特性曲线）的基础上，并结合考虑该次动作的机械特性曲线来粗略确定各个振动事件发生的先后次序和时间段，然后将各个区段的峰值时间作为该振动事件的发生时刻。各时间相差后得到各事件之间的相对时间，以接到分、合电脉冲时间为基准计算各事件的发生时间，就能找到动静触头间的合、分时刻。将动触头的行程信号同该合、分时刻结合，并根据相应的定义，就可以计算出刚分（合）速度、行程、超行程；将三相的分合时刻相差就可获得该次断路器动作的不同期参数。断路器动作过程采集到的典型振动信号如图 1－3 所示。

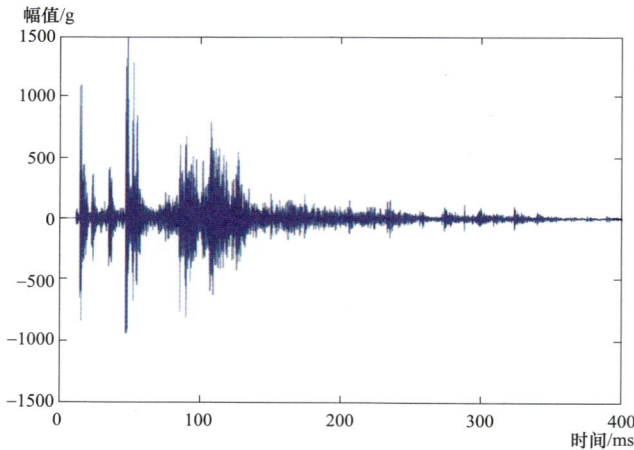

图 1－3　典型振动信号

　　对于断路器，在分合闸操作过程中，内部主要机构看不见的运动、撞击和摩擦都会引起表面的振动，振动是内部多种现象激励的反应，这些激励包括机械操作、电动力或静电力作用、局部放电以及 SF_6 气体中的微粒运动等。振动信号中包含丰富的机械状态信息，甚至机械系统结构上某些细微变化也可以从振动信号上发现出来。因此，外部振动信号为特征信号，可以对断路器的这些状态进行检测。具体做法是在断路器适当部位，如具有较大的振动强度，较高信噪比的部分，安装振动传感器，当断路器进行分合闸操作时，将采集的振动信号经处理后作为诊断的根据。

检测振动信号法的突出优点是振动信号的采集不涉及电气测量，振动信号受电磁干扰小，传感器安装于外部，对断路器无任何影响。同时，振动传感器尺寸小，工作可靠，价格低廉，灵敏度高，抗干扰好，特别适用于动作频繁的断路器在线检测及不拆卸检修。但是目前该方法还没有成熟的产品问世，原因是振动信号一致性差，对特征量的提取和分析也都十分困难。

1.2.4 图像检测法

图像检测技术是在 20 世纪 80 年代后期，随着计算机技术的发展而开拓出来的一个新的计算机应用领域。图像检测就是利用计算机及其他有关数字技术，对图像进行预处理、分析和运算，从而达到某种特定的测量目的。图像检测法是近年来兴起的一种全新的检测方法，它利用摄像机获取被测对象信息，通过数字信号处理技术提取所需的特征量并进行科学的分析，从而实现对被测对象的检测。一般的监控录像，因没有上述的特征提取过程，因而不能算作是图像检测法。

在断路器的主轴或动触头拉杆处贴上特定颜色并明显区别周围环境的标志片（专业术语称为标点），在拍摄下的照片中，标点处像素点的 RGB 数值（光学三原色数值）将被作为特定值，通过寻找图像 RGB 矩阵中标点的位置，即可确定标点在拍摄下的每一幅图片中的位置，进而可以获得标点的运动轨迹。标点的运动轨迹就是断路器主轴或动触头的行程—时间曲线，对其求导还可获得速度—时间曲线。典型的图像检测法目标追踪定位图如图 1−4 所示。

图像检测法具有鲜明的特点：

（1）检测设备与被检测对象间无任何机械或电气方面的连接，只要可见光能在检测设备与被测对象间直线传播，检测即可进行。

（2）图像所含的信息量非常丰富，可从中提取大量的特征量，作为被测对象的状态分析依据。

（3）相比于其他断路器机械特性检测方法，图像检测法是一种二维检测法，可以分别得到追踪目标在 X 方向和 Y 方向上的运动行程、速度和加速度数据。

7

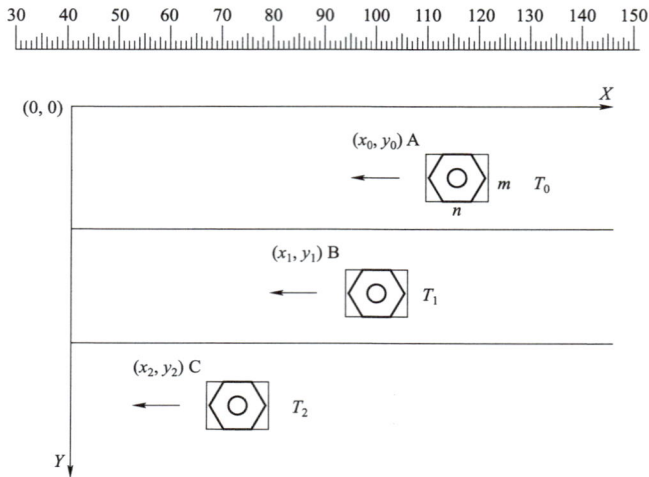

图 1 – 4　典型的图像检测法目标追踪定位图

　　图像检测法的上述特点十分适合断路器机械特性检测。如果使用摄像机拍摄断路器主轴或动触头的运动过程，通过编制软件提取其行程、速度等特征，即可实现断路器机械特性的图像法检测。断路器图像法检测兼具射频检测法的便捷性和行程检测—时间法的有效性及可靠性，是一种十分有前景的检测方法。但是，图像检测法对监测现场的环境要求较高，所以检测时对设备的稳定性也有较高的要求。

　　目前，断路器状态检测技术已经进入一个新的发展阶段，一些新理论、新技术、新检测手段正在被开发利用，除了上面提到的 4 种方法外，目前还有测量静态电阻或动态电阻以检测触头的烧蚀情况、SF_6 压力检测、绝缘检测、人工智能与计算机结合的专家系统。可以看出，检测手段一直是断路器机械特性检测技术的核心工作，目前，国内外都致力于断路器机械特性检测手段的开发和研究。但是，在参量检测结果的准确性、稳定性以及诊断结果的有效性等方面还有待进一步提高，部分项目的检测仍无法实现或无实用前景。

　　机械特性测试仪方面，前期主要以美国 RTR – 48 Circuit Breaker Response Recorder 产品为代表，其主流硬件采用工控机结合数据采集卡的形式。由于其制造技术先进、对市场需求反应迅速、开发周期短、能够准确地测量高压开关机械性能参数并且人际交互友好，因此很长时间占据着大部分高压开关机械性能测试仪市场。但其显著缺点是价格昂贵，另外体积也较大，给一些野外测试带来极大不便。

随着传感器技术、计算机技术、光电技术、信号处理技术的发展，设计高精度的测试仪已经成为可能。目前国内各高压开关设备检测仪生产厂家，如西安高压电器研究所、石家庄汉迪科技有限公司、杭州高电科技有限公司、上海速雷电力、武汉国电中星电力设备有限公司、上海徐吉电气有限公司、湖北电保姆电力自动化有限公司、扬州市昂立电气有限公司等，其产品普遍应用光电脉冲技术、单片计算机技术及可靠的抗电磁辐射技术，配以可靠的速度/距离传感器，来完成各种高压断路器机械特性参数测量。其能够在短时内快速测量出高压断路器各项机械性能参数，并能够达到较高的测量精度，为高压断路器的质量检验与运行检修提供可靠的参考依据。

现阶段，除了使用检测仪器完成机械特性测试外，通过在线监测手段获取断路器机械特性的方法也日益增多。采用在线监测技术对断路器的机械特性进行实时监测，对于实现断路器的状态检修和提高其安全可靠性具有重要的意义。相关技术发展方向主要体现在以下 3 个方面。

（1）在线监测系统通用性和集成性的提高。当前高压断路器机械特性在线监测系统的开发均需与高压断路器具体的类型相匹配，而实际应用中，高压断路器的电压等级和工作原理差异较大，因而在系统实现时，如何使系统具有更好的通用性以适应不同类型断路器的需要是一个需重点解决的问题。此外，在线监测系统还需具备一定的可扩展能力和更高的集成性，以提升整个系统的性价比和技术优势。

（2）故障诊断方法的深入研究。高压断路器是一个结构复杂的电气设备，其分、合闸过程中产生的振动信号包含着断路器内部丰富的状态信息，任何一个机械构件的状态变化都会改变振动信号的信息内容。当前国内外相关研究人员针对振动信号的特征提取研究多处于实验和仿真阶段，尚需大量的数据和实践进行验证。因此，基于振动信号的高压真空断路器故障诊断仍是未来研究的重点问题。此外，借助智能优化算法、神经网络、支持向量机、数据融合等技术实现高压真空断路器故障诊断的智能化也将是未来发展的重要方向。

（3）在线监测系统产品化进程的加快。目前，高压真空断路器机械特性在线监测系统的下位机和上位机组合构成的综合管理系统的解决方案、上位机和下位机的功能分割和实现技术已基本成熟，但是相关研究的产品化进程相对滞后。因此，在进一步完善系统功能的同时，制订相关产品标准和加快技术成果转化对推广和促进高压真空断路器机械特性在线监测与故障诊断技术的发展具有重要的现实意义。

第2章

断路器机械特性检测技术基础知识

2.1 断路器基本情况

2.1.1 断路器的要求

电力系统对断路器提出了以下基本要求。

（1）在合闸位置时，断路器应该是理想导体。

（2）在分闸位置时，断路器应该是理想绝缘体。

（3）在合闸位置时，断路器应该能够在任意时刻开断不超过其额定值的任何电流而不会发生以下情况：

1）不能再进行操作。

2）在开断过程中或其后产生过高的过电压。

（4）在分闸位置时，断路器应该能够在任何时刻（包括可能是在短路条件下）迅速关合而不会发生以下情况：

1）不能再进行操作。

2）在关合过程中产生过高的过电压。

断路器经常安装在户外变电站中并暴露在各种气候条件下，从湿度极大的热带高温气候到低至 −55℃ 的北极寒冷气候。断路器也要能够暴露在重污染的环境中。断路器还应该设计具有抗地震性能。

2.1.2 断路器的分类

如前所述，本书主要针对高压交流断路器，其可按多种方式进行分类。例如安装环境、操作方式、灭弧介质等。

2.1.2.1 按安装环境划分

断路器安装环境可以分为户内或户外。户内断路器只能用于建筑物内或不受气候影响的遮蔽物内。户内和户外断路器的根本区别在于所采用的外部封装和外壳材料，如图 2-1 所示。在很多情况下，户内和户外断路器的灭弧室和操动机构是相同的。因此，两者具有相同或非常接近的开合性能。

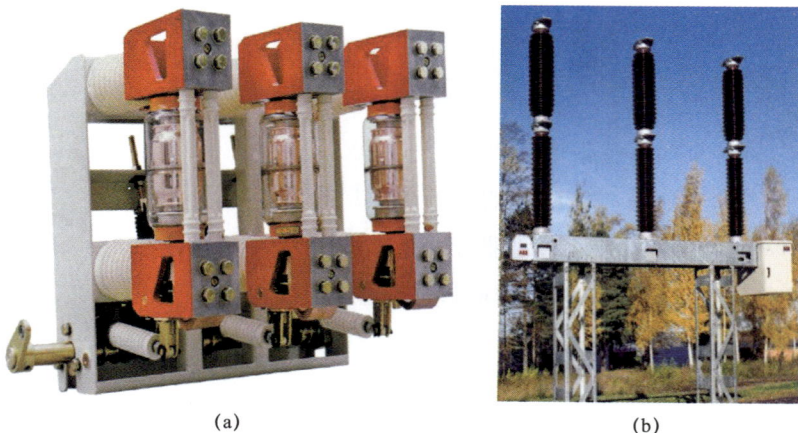

(a)   (b)

图 2-1 户内和户外断路器

（a）户内真空断路器；（b）户外瓷柱式断路器

户外断路器根据其结构设计可以分为两类（见图 2-2），即落地罐式断路器和瓷柱式断路器。

与瓷柱式断路器相比，落地罐式断路器具有以下优点：

（1）整体重心低，抗振能力强。

（2）在低电位下断路器两侧都可以安装多个电流互感器。

（3）工厂进行装配调整后可以整体运输。

图 2－2　户外断路器

（a）落地罐式断路器；（b）瓷柱式断路器

瓷柱式断路器具有处于高电位的灭弧室外壳，是遵循 IEC 标准的国家特别是欧洲首选的断路器。

与落地罐式断路器相比，瓷柱式断路器具有以下优点：

（1）成本低，只是不能安装电流互感器。

（2）对安装空间的要求更小。

（3）灭弧介质的用量更小。

2.1.2.2　按操作方式划分

按操作方式划分，高压断路器可以分为三极联动断路器和单极操作断路器，如图 2－3 所示。

三极联动断路器采用一台操动机构同时操作全部三相灭弧室。这样的设计方案通常用于中压领域，在额定电压不超过 170kV 的场合占据主导地位。在较低额定电压下普遍采用三极联动方式主要是考虑成本因素，因为全部三极仅需要一台操动机构。在此电压等级下，单极操作断路器仅在输电线路需要单相自动重合闸的场合中使用。由于全部三极的机械联结，这种类型的断路器可以在分合闸过程中保证极间更好的同步性。

(a)   (b)

图 2-3 不同操作方式断路器

(a) 三极联动断路器；(b) 单极操作断路器

　　单极操作断路器采用三台独立的操动机构来分别操作三相。该设计方案主要用于额定电压 220kV 及以上的场合，主要是因为受到断路器的外形尺寸、相关操作功能和受力的限制。

2.1.2.3 按灭弧介质划分

　　断路器最重要的分类方式是根据灭弧介质分类。断路器技术的进步与新介质的出现密切相关。

　　在电气化早期的几十年间采用的是油和空气，在 20 世纪前半叶得到了广泛应用，并开发出非常可靠的设计方案，其中很多目前仍在运行。这些产品一直生产到 20 世纪 80 年代，此后就被采用六氟化硫（SF_6）气体和真空的断路器所替代。

1. 油断路器

　　油断路器根据用油量可以分为多油断路器和少油断路器。在 72.5kV 及以下电压等级，所有三相通常是装入一个油箱如图 2-4（a）所示。在更高电压下油断路器具有三个独立的油箱如图 2-4（b）所示。

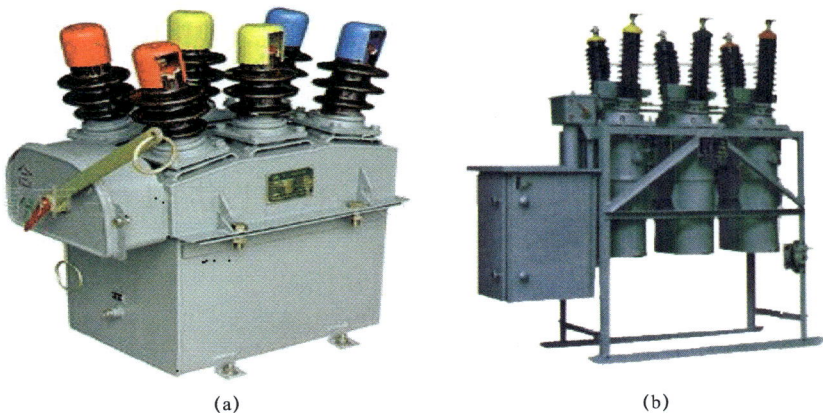

(a)　　　　　　　　　　　　　　　　　(b)

图 2-4　油断路器

（a）单箱油断路器；（b）多箱油断路器

2. 空气断路器

压缩空气断路器具有开断能力大和开断时间短的优点。然而，受到触头分闸速度的限制，其灭弧室的绝缘耐受能力相对较低，且触点分闸速度只能通过多断口系统的应用才能有效地提高。因此，额定电压 420kV 以上的断路器每极需要 10 个甚至 12 个灭弧室串联，如图 2-5 所示。

这种类型的应用面临的主要困难是要确保在开断过程中，每个灭弧室都工作在相同的空气动力学和电气条件下。从空气动力学的角度看，每个灭弧室必须维持相同的气流。电气方面则要求瞬态恢复电压必须平均分配到每一组触点上。压力下

图 2-5　每极有 10 个灭弧室串联的压缩空气断路器

降可能会影响气流，为了避免这种情况，每个灭弧室需要采用单独的吹气阀。为了改善间隙上的电压分布状况，通常采用均压电容或电阻。

另一个困难是灭弧所需要的空气压力相当高，大约 2MPa。因此，压缩空

气断路器需要大功率压缩机，操作时的噪声非常大，特别是当电弧被吹入大气的时候。

压缩空气断路器非常快速、可靠而且特别适合特大电流开断。因此压缩空气断路器目前仍然作为大容量实验室中的主断路器来使用，而且几乎是唯一的选择。

3. SF_6断路器

（1）双压力式SF_6断路器。双压力式SF_6断路器是在采用纵吹的压缩空气断路器设计方案的基础上改进而成的，主要区别就是空气被SF_6所取代。双压力式SF_6断路器一般采用落地罐式结构，其灭弧室置于箱壳内，与油断路器所用的箱壳类似，充入低压力的SF_6气体。另外，高压贮气罐通过吹气阀与低压力箱壳隔离开。SF_6气体被压缩并贮存在高压贮气罐内，与压缩空气断路器中的空气几乎一样。当触点分离时，吹气阀同步打开，因而产生了用于冷却电弧的SF_6气流。高压力的SF_6气体利用吹气阀并通过喷口释放到低压力箱壳内，而不是耗散到大气中。每次开断后，SF_6气体经过滤器回收并重新压缩回高压贮气罐以备随后的操作。

因为在1.6MPa时SF_6的液化温度约为10℃，所以要在高压贮气罐周围安装加热器以防止高压力SF_6气体液化。除了在气体加热过程中造成非常大的能量损耗外，这也给断路器增加了额外的故障概率，因为当加热器无法工作时，断路器也不能运行。

在双压力式SF_6断路器的众多缺点中最主要的有以下几点：

1）吹气阀的应用导致机械复杂度高。

2）体积大。

3）SF_6气体用量大。

4）由于运行压力高而存在高泄漏率的可能。

5）需要额外的压缩机系统来保持SF_6的高压力。

6）为防止SF_6液化，所需加热器造成非常大的能量损耗。

这就是双压力式SF_6断路器迅速从市场上消失的原因。

（2）单压力式SF_6断路器。SF_6压气式断路器的工作原理如图2-6所示，所有的压气式断路器都具有一个共同的特点，即气缸与活塞之间形成压气室且二者之一会随动触头一起运动，在分闸过程中压气室内的 SF_6 气体被压缩。在大多数压气式设计中，将动触头作为压气缸。在压气室内部，气体压力升高后推动气流通过喷口，而电弧在喷口中燃烧。当动触头到达最终分闸位置时，气流停止。在从最短燃弧时间到最长燃弧时间的全部时间范围内提供有效的气吹是非常重要的，这可以通过合理设定压缩行程的大小来实现。

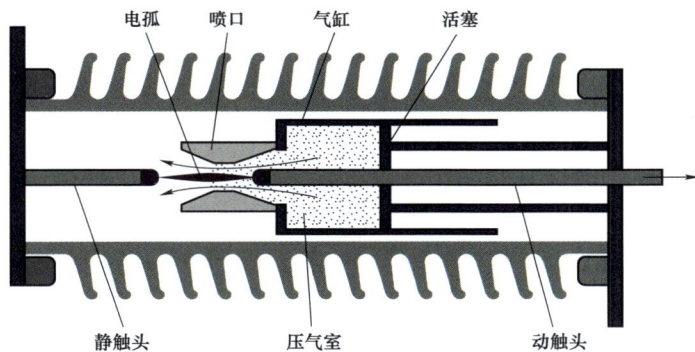

图 2 - 6　SF_6 压气式断路器的工作原理

压气式灭弧室具有与电流有关的压力增强特性，其曲线图如图 2 - 7 所示。在没有电弧的空载情况下，气室内部的最大压力一般是充气压力的 2 倍，如图 2 - 7 中的曲线 a。然而，在大电流阶段弧触点之间的电弧燃烧会阻碍气体流过喷口，称为"喷口阻塞"。对于气体来说，喷口内部的电弧相对于一个横截面随时间变化的阀，导致压气室部附加的压力升高。在某种情况下，当喷口在较大的电流瞬时值期间被电弧临时堵塞或减小了有效直径时，喷口内部的一部分电弧能量不能有效地释放。因此，压气室中的能量增加，电弧能量通过这种方式使压力升高。压气室内的最大压力可以是空载时最大压力的数倍，如图 2 - 7 中的曲线 b。因而，产生的压力更高。当电流向零点下降时，电弧直径也减小，为气流留出了越来越多的空间。因而在电流零点时建立起全部气流，在最需要的时候产生最大的冷却作用。

电弧阻塞总是或多或少地伴随有喷口材料的蒸发，在压气室内额外产生一定量的气体。这一效应可以显著增加大电流开断过程中的气体压力、密度和流

压力/MPa

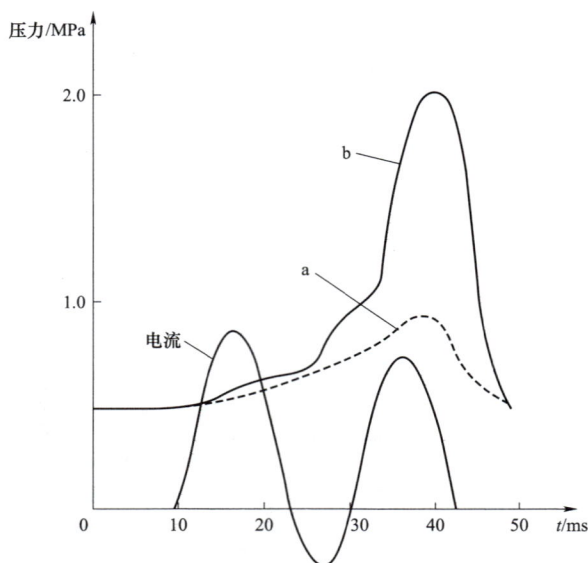

图 2-7　压力增强特性曲线

量，另外也影响了压气式灭弧室的触头行程特性。

压气过程中的高压力要求较大的操作力以防止断路器触头运动减慢、停止甚至反向，该操作力要转移到操动机构上。因此，分闸操作所需的气吹能量几乎全部由操动机构来提供。需要开断的电流越大，则需的力就越大。因此，压气式断路器需要满足高能量输出要求的大功率操动机构。合闸所需要的力要比分闸的小很多。

用压缩气体所积累的能量来强迫电弧冷却的方式有多种，一些基本的喷口设计原理被用于 SF_6 压气式灭弧室（见图 2-8），可分为以下几种气吹方式：

1）采用绝缘喷口的单向气吹。

2）采用绝缘喷口的部分双向气吹。

3）采用绝缘喷口的全双向气吹。

4）采用绝缘和导电喷口相结合的全双向气吹。

5）采用导电喷口的全双向气吹。

每种类型都有其能够取得最佳使用效果的额定值范围。与单向气吹相比，采用双向气吹 SF_6 压气式灭弧室的熄弧能力更强。然而，在双向气吹灭弧室中，

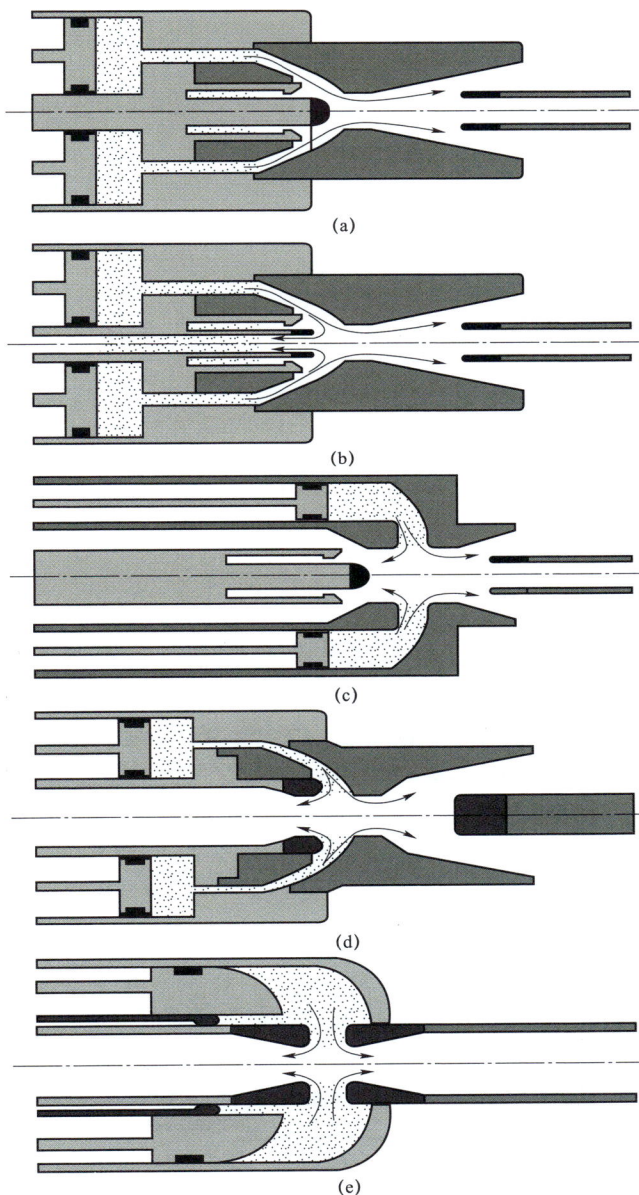

图 2-8　SF₆ 压气式灭弧室的喷口设计原理

（a）采用绝缘喷口的单向气吹；（b）采用绝缘喷口的部分双向气吹；（c）采用绝缘喷口的全双向气吹；
（d）采用绝缘和导电喷口相结合的全双向气吹；（e）采用导电喷口的全双向气吹

由于其排气口更大，为达到特定的压力而需要更大的压气室，用来分闸的操动机构的输出能量也应该增加。这就是经常采用单向气吹和部分双向气吹的原因。采用部分双向气吹的折中解决方案可以将灭弧能力提高20%，既不需要增加压气室的体积，也不需要增加分闸操作的能量。

SF_6压气式断路器中的触头布置原理如图2-9所示，为了提高压气式断路器的额定电流，有利的做法是将触头按其功能分为用于持续电流导通的主触头和用于开断与关合电路的弧触头，如图2-9（a）所示。持续电流通过处于外层的主触头。主触头的这一位置不仅使其获得了更好的冷却效果，而且更加容易地实现了较大的导体横截面，因而可以提供更大的额定电流值。分闸时，主触头先分离，电流转移到置于喷口内的弧触头。仅在额定电流最小时，主触头和弧触头才会都置于喷口内，如图2-9（b）所示。

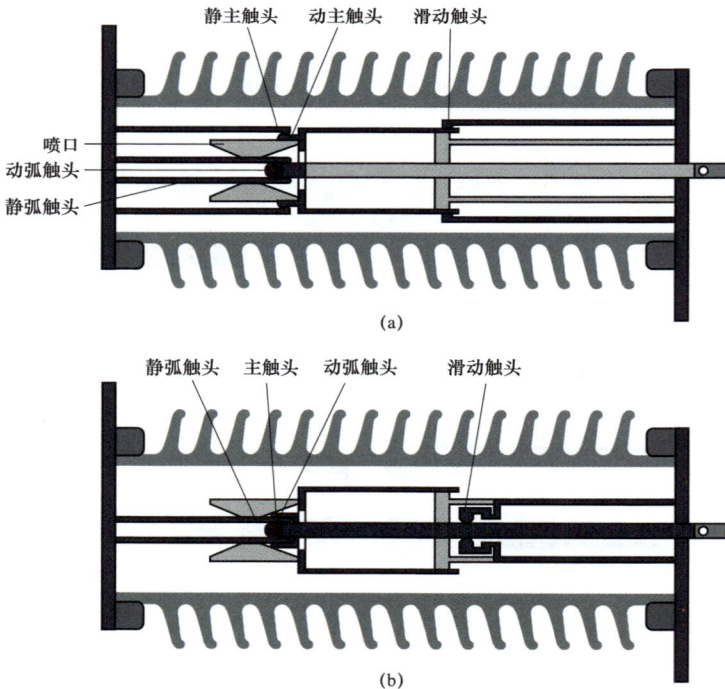

图2-9 SF_6压气式断路器中的触头布置原理
（a）主触头在喷口外部；（b）主触头在喷口内部

采用部分双向气吹和绝缘喷口的 245kV SF$_6$ 压气式灭弧室如图 2-10 所示。

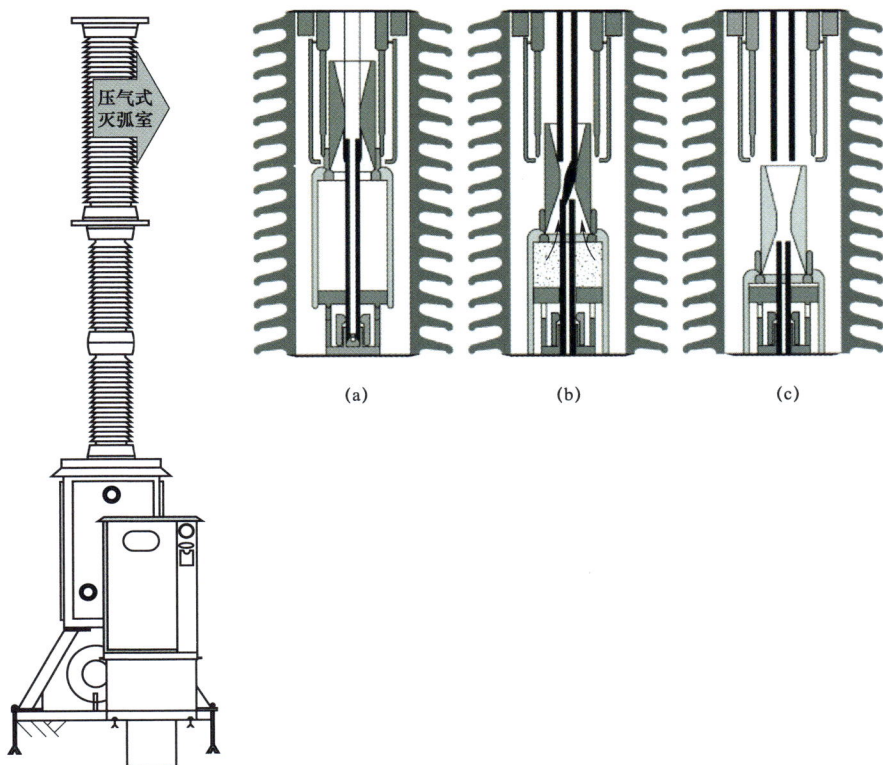

图 2-10　采用部分双向气吹和绝缘喷口的 245kV SF$_6$ 压气或灭弧室
（a）合闸位置；（b）熄弧过程；（c）分闸位置

在合闸位置，电流通过上接线端子、静主触头、动主触头、导电杆、滑动梅花触头和下接线端子。

压气缸、动主触头、喷口和动弧触头与导电杆一起运动，并通过安装在支持套管中绝缘拉杆与操动机构相连。在分闸过程中，主触头首先分离，电流转移至弧触头，压气室内的压力开始上升。

在合闸操作过程中，弧触头首先闭合，接着是主触头闭合。弧触头在发生预击穿而流过电流的起始时刻开始导通电流，直到主触头接触的时刻为止。当触头到达完全闭合位置时，压气室重新被低温气体填充，为下一次分闸操作做好准备。

在灭弧室的上部有一个装有吸附剂、分子筛或活性氧化铝的过滤器，其主要作用是吸收水分和大多数燃弧后的 SF_6 分解物，特别是 HF。吸附剂作用快速且有效，如果在设备中有足够的量，即便 SF_6 分解物并不是微不足道的，那它造成的腐蚀程度也会非常轻微。

三极中的每一极都装有安全膜，它按预先确定的压力在套管损坏之前爆破。

压气式断路器的一大优点是其灭弧室结构简单，增强了断路器的可靠性和机械寿命。每极灭弧室数目的减少也提高了最高电压等级断路器的可靠性。SF_6 的优异特性使得开发每极仅有 4 个灭弧室的 800kV 以上电压等级的断路器成为可能。这并不是极限，因为一些制造厂已经开发出每极只有 1 个灭弧室的额定电压 550kV 的压气式断路器。

然而，压气式断路器的主要缺点是需要相对较长的行程和较大的操作力，只能由满足高能量输出要求得很复杂的大功率操动机构来提供。压气式断路器所需要的操作功远大于油断路器。因此，除了额定短路流较小的情况外，使用简单可靠的弹簧操动机构是不可行的。当额定短路电流在 40kA 以上时，在传统的压气式断路器中不得不采用气动或液压机构，这就对此断路器的可靠性和成本产生了负面影响。

（3）自能单压力式 SF_6 断路器。单压力式断路器或者归属于压气式断路器范畴，或者归属于自能式断路器范畴。这两种断路器类型的主要区别是，在压气式断路器中，利用由操动机构提供的机械能来压缩 SF_6 气体；而自能式断路器是利用电弧所释放出的热能来加热气体并使其压力升高，这就是其称作"自能式"断路器的原因。自能式断路器这一名称是由最早在市场上推广这一原理的制造厂引入的，其他制造厂还采用了各种各样的专有名称，例如自压缩式、自动膨胀式、电弧辅助式、热辅助式、自动压气式等，均描述了同样的工作原理。

每一种单压力式断路器都属于自能式断路器的范畴，因为实际上在所有压气式断路器中，电弧的热能都部分地用于增强压气室内的气体压力。

运行经验表明由于开断能力不够引起断路器故障的概率是很小的。事实上，大多数现场发生的故障都是机械方面的。因此，开关设备制造厂都集中精力来生产简单可靠的操动机构。为了实现这一目标，制造厂提出了如何降低分闸操作中作用在操动机构上的阻力这个基本问题。这样的思路引导了向自能式灭弧室方向的转变，可显著降低阻力并使可靠的小功率弹簧操动机构的应用成为可能。因此，自能式灭弧室代表了高压断路器发展的一个里程碑和重大进步。

在压气式断路器中，操动机构的大部分能量用来产生气吹压力。只有少量电弧热能用于增加气体压力。如果电弧能以某种方式提供产生气吹压力所需的全部能量，即与少油断路器类似，那就是理想的状况。这样，操动机构仅提供触头运动所需要的能量。基于这一原理的灭弧室是非常简单的，SF_6 自能式灭弧室的工作原理如图 2-11 所示。触头置于绝缘的灭弧室中，如图 2-11（a）所示。触头分离后，电弧在这个封闭的空间内燃烧一段时间，电弧释放的热能在此处累积，因而使灭弧室内部压力大幅度升高，如图 2-11（b）所示。当动触头离开喷口时，强烈的气流在电流零点熄灭电弧，如图 2-11（c）所示。

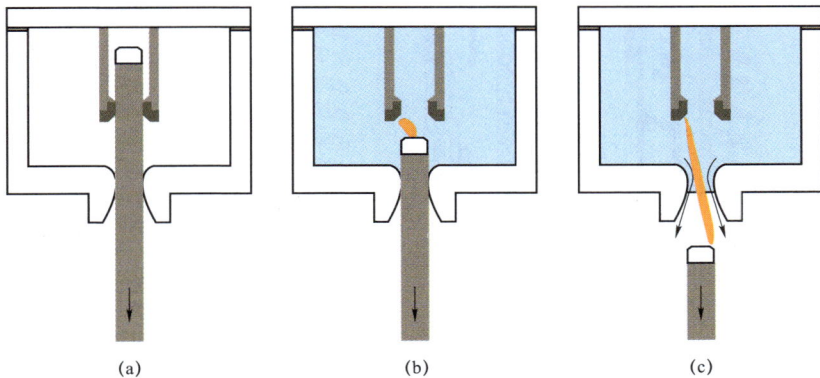

图 2-11　SF_6 自能式灭弧室的工作原理
（a）合闸位置；（b）封闭空间电弧；（c）电弧的气吹与熄灭

然而，实验已经表明，至少在目前这种理想的状况是不可能实现的。当开断小电流时就会出现问题，因为电弧能量不足以产生足够高的气体压力来进行有效的气吹。这就是在过去的 20 年中一直采用自能式压气式灭弧原理相结合的方式开发断路器的原因。由于流体力学计算机仿真的进步，可以准确地预测出气流的动态特性，从而促进了断路器在这方面的发展。

基于这种自能式与压气式相结合的工作原理，简单、可靠、功率小、电动机储能的弹簧操动机构也能很好地用于高压 SF_6 断路器。这类机构的应用早期局限于少油断路器和几乎所有的中压户内断路器。

对于不超过 30%额定短路开断电流的较小开断电流来说，只需要相对较小的气吹压力，只有这部分能量需要由操动机构来提供。对于更大的电流，电弧自身就可以提供能量来产生足够的压力以保证电弧的有效气吹和冷却作用。

用来避免所产生的压力对操动机构造成不利影响的方法有很多，最常用的方法是采用带有合适的过压阀的自能式双气室灭弧室，合理配置过压阀的 SF_6 自能式双气室灭弧室如图 2-12 所示，避免了触头系统在运动过程中的减慢和停止。

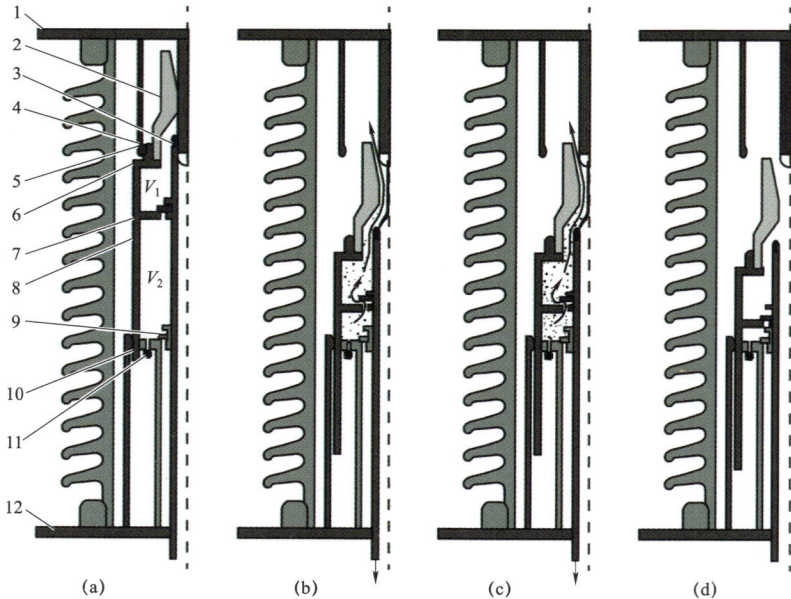

图 2-12　合理配置过压阀的 SF_6 自能式双气室灭弧室

（a）合闸位置；（b）开断小电流；（c）开断大电流；（d）分闸位置

V_1—热膨胀室；V_2—压气室

1—上接线端子；2—喷口；3—动弧触头；4—静弧触头；5—静主触头；6—动主触头；
7—过压阀；8—压气缸；9—回气阀；10—活塞；11—过压阀；12—下接线端子

当开断不超过几千安的相对较小的电流时，这种灭弧室的工作方式与传统的压气式灭弧室完全相同。SF_6 气体在压气室 V_2 内被压缩，经过容积不变的热膨胀室 V_1 并沿着电弧流过喷口喉部，如图 2-12（b）所示。此时没有产生足够的气体压力来关闭单向阀，因而热膨胀室和压气室形成了一个大的压气室。与传统压气式灭弧室不同，这种自能式断路器需要通过机构产生的气吹压力来开断部分额定短路电流的，即 20%～30%。

当开断更大的短路电流时，弧柱中释放的热能累积在热膨胀室 V_1 中，由于温度上升以及压气缸与静止活塞之间气体压缩导致压力升高。热膨胀室 V_1 内的气压持续上升直到其能够驱动单向阀到达闭合位置。至此，开断所需的全部 SF_6 气体都进入到容积不变的热膨胀室 V_1 中。随后该气室内气体压力的任何增加都只与电弧加热作用有关，如图 2-12（c）所示。

大约在相同时刻，压气室 V_2 内的气压达到了足够高的水平而打开过压阀。由于压气室 V_2 内的气体从过压阀排出，就不再需要较高的额外操作功来解决 SF_6 气体压缩的问题，同时可以保持耐受恢复电压所必需的触头运动速度。从喷口喉部打开的时刻起，在机构作用下和/或较小瞬时电流值下电弧直径减小时，热膨胀室和周围空间的压力差所产生的气流沿着电弧流过喷口，使电弧在电流零点熄灭。

在合闸时，回气阀打开使 SF_6 气体进入热膨胀室和压气室。这种类型的自能式灭弧室在相同开断能力下需要的操作功远小于传统的压气式灭弧室，即在 50%～70%之间。

图 2-13 给出了另一种高压断路器灭弧室的工作原理，即采用自能式和压气式灭弧相结合的工作原理。该灭弧室基本上是传统气式灭弧室改进而成的，即在静触头的支持件上增加一个辅助活塞并合理设计喷口使其起到压气缸的作用，从而共同形成了一个具有容积可变的进气室的灭弧室。

在分闸过程中，当触头刚刚分离后，出现所谓的封闭空间电弧并持续数毫秒造成压气活塞和辅助活塞之间的空间内压力升高。在开断较大电流时，电弧的热效应更加显著，使得封闭空间中的 SF_6 气体压力大幅度升高。

在辅助活塞作用下增加的压力产生了与驱动力同方向的附加力，从而帮助

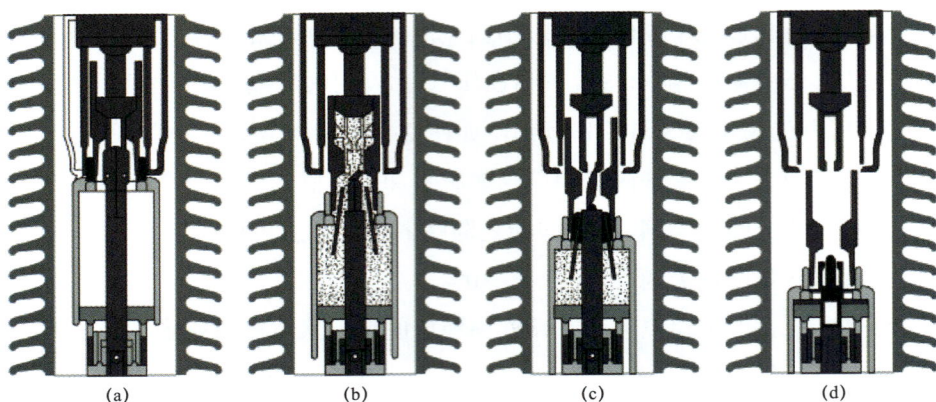

图 2-13　采用自能式和压气式灭弧相结合的工作原理
（a）合闸位置；（b）封闭电弧空间；（c）熄弧过程；（d）分闸位置

操动机构完成分闸操作。进气室内的压力上升会部分或全部作为压气室内压力提高所消耗能量的补偿。因此，该灭弧室也利用了自压缩原理。当辅助活塞脱离喷口后，集中了压气室内累积电弧能量和分闸弹簧能量的强烈气流使电弧冷却。从这一刻直至行程结束，该灭弧室与传统压气式灭弧室没有任何区别。在电流零点时电弧熄灭。当开断小电流时，由压气活塞的压气作用和辅助活塞的进气作用共同驱动 SF_6 气流通过喷口。

在触点分离后的数毫秒时间内，由压气室和进气室组成的整个空间是封闭的并且容积会减小。这意味着该空间所处的压力较高，从而降低了小电容电流开断时的重击穿概率。

从机械结构的简易程度来看，该灭弧室与传统压气式灭弧室相当。

工作原理如图 2-14 所示的灭弧室以类似的方式操作，不同之处在于该断路器将辅助活塞安装在压缩活塞下方的动弧触头后面，而不是安装在静触头的支持件上。在该设计中，辅助活塞和压缩活塞的直径可以做到近乎完全相同，几乎能够实现全补偿。因而，触头运动变得实际上与电流无关了。

以上提及的所有设计方案都属于单动灭弧室。这是最简单的一类设计，仅用了一组动弧触头和动主触头。将自能式、自补偿式和压气式灭弧室相结合，采用小功率的弹簧操动机构，对于额定电压 170kV 及以下断路器保证了高效灭弧室驱动的可靠性。因此，这种设计方案目前主导了市场。

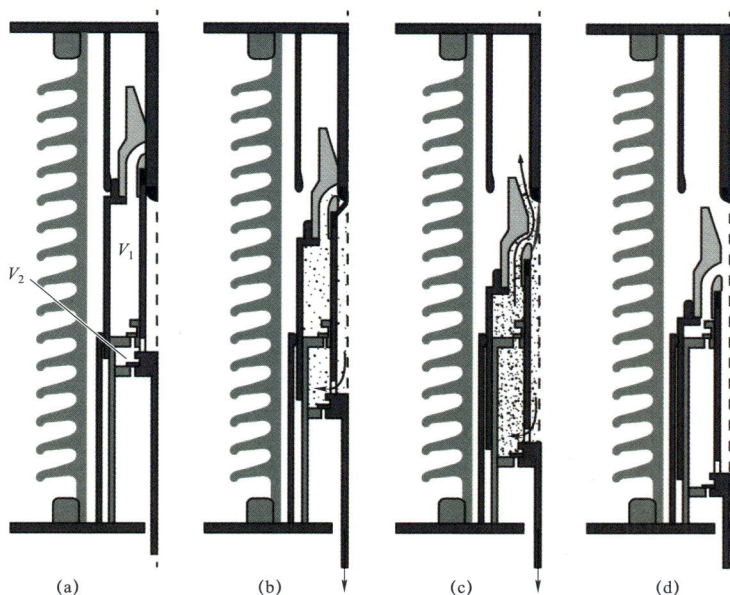

图 2-14　在压缩活塞下方动弧触头后面安装辅助活塞的工作原理
（a）合闸位置；（b）封闭电弧空间；（c）熄弧过程；（d）分闸位置
V_1—压气室；V_2—吸气室

（4）双动原理 SF_6 断路器。对于额定电压 245kV 及以上的断路器来说，触头行程和分闸速度必须增加。在操动机构的全部能量中，运动部件中的动能部分将迅速增加，这是因为该动能是随分闸速度的二次方与运动部件质量的乘积增加的；而对于旋转动能来说则是随角速度的二次方与转动惯量的乘积增加的。因此，虽然几乎满足仅提供动能的要求，但还是对大功率操动机构提出了要求。结合了自能式、自补偿式和压气式灭弧原理的单动灭弧室可以利用双动原理来进一步优化，该原理的主要内容是置换两个反向运动的弧触头，此系统使分闸功显著降低。

采用双动触头的 SF_6 灭弧室如图 2-15 所示。可运动的上触头系统通过连接系统与喷口相连，上、下触头系统就能按相反方向运动。这样，由于触头速度将是运动的上、下触头之间的相对速度，来自操动机构的速度要求会大幅度降低。如果两触头的速度都下降 50%，那么相对运动速度仍是 100%。同时，假设运动部件的质量不变，那么所需要的动能就会下降 4 倍。事实上，这一倍数是无法实现的，因为对更高额定电压来说运动部件的质量也将增加，这是因为绝缘距离更大并且必须运动的部件的质量相应更大。总的分闸功也包括压缩功，这对单动和双动原理来说都同样可以替代，因为主要依靠电弧自身能量来使压力升高的自能式和自补偿式原理可以与双动技术相结合。

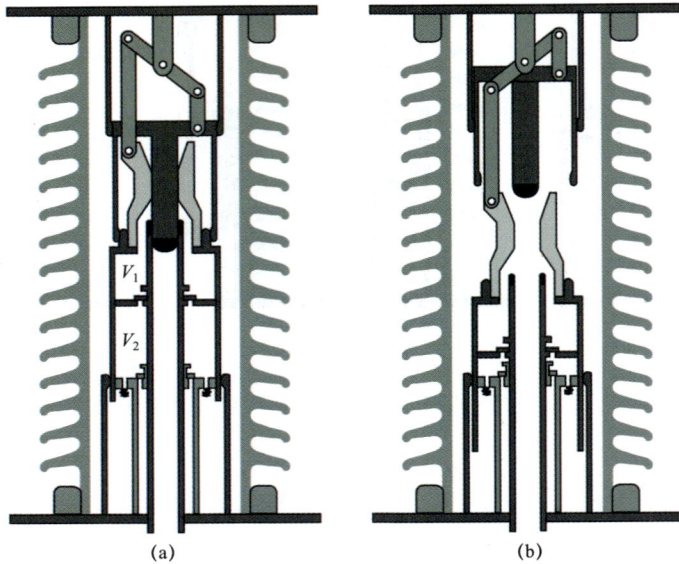

图 2-15　采用双动触头的 SF$_6$ 灭弧室
（a）合闸位置；（b）分闸位置
V_1—热膨胀室；V_2—压气室

存在这样的双动机构，它可以使上部的屏蔽罩运动来优化电场分布并获得更好的绝缘性能。如果该屏蔽罩的运动速度与上弧触头的运动速度不同，可以认为是三动原理。

图 2-16～图 2-18 给出了基于双动原理的三个不同实例，且已在额定电压 245kV 及以上的断路器中实现了商业应用。

在图 2-16 给出的设计方案采用了旋转导向凸轮，其形状决定了上动触头的速度。上弧触头直到弧触头分离前 12mm 才开始运动，这时它以相反方向运动并加速，其速度几乎只能维持大约 10ms。然后，上触头开始减速，全部动能被转移到灭弧室下部的运动部件。旋转凸轮上导向的形状控制了定时和速度。在剩余行程期间的触头行程特性与未采用该机构时相同。图 2－17 所示的连接系统可以使上动触头产生类似的非线性运动。

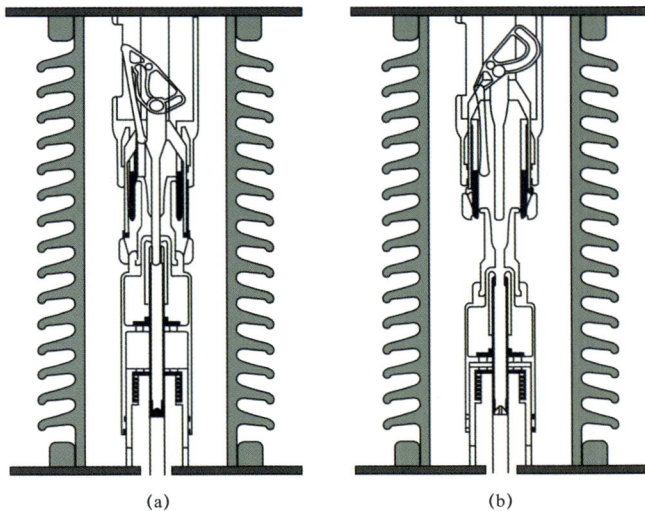

(a)　　　　　　　(b)

图 2－16　采用具有特别形状导向的旋转凸轮的双动机构
（a）合闸位置；（b）分闸位置

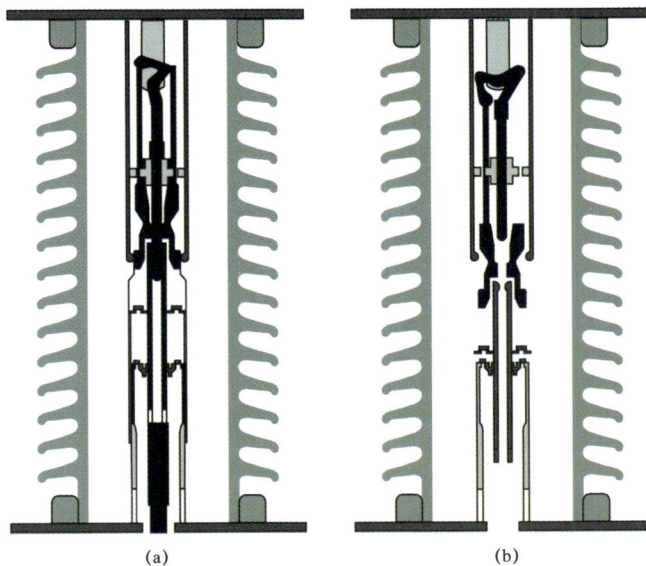

(a)　　　　　　　(b)

图 2－17　具有产生非线性运动的连接系统的双动机构
（a）合闸位置；（b）分闸位置

　　另一种非线性双动机构，即利用一个叉—杆结构将弧触头杆从一个位置移动到另一个位置，如图 2–18 所示。触头杆的附加运动明显增大了触头分离后大约前 10ms 内的相对分闸速度，如图 2–19 所示。在合闸时，弧触头在触头

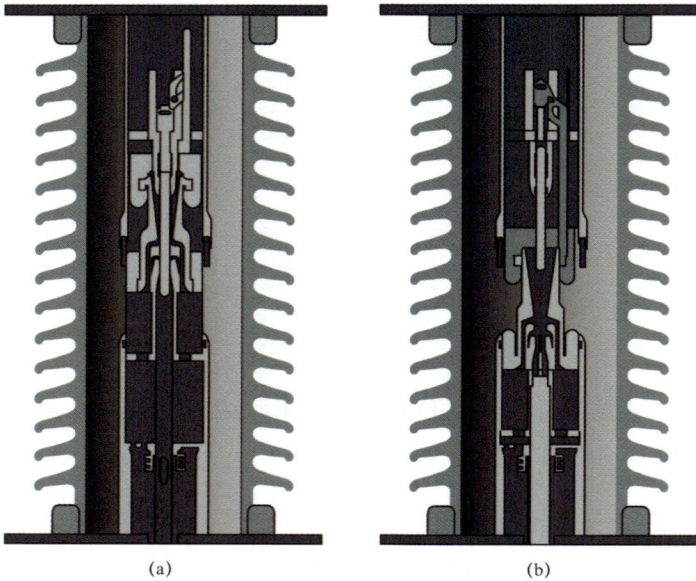

(a)　　　　　　　　　　(b)

图 2–18　具有叉—杆副的双动机构

（a）合闸位置；（b）分闸位置

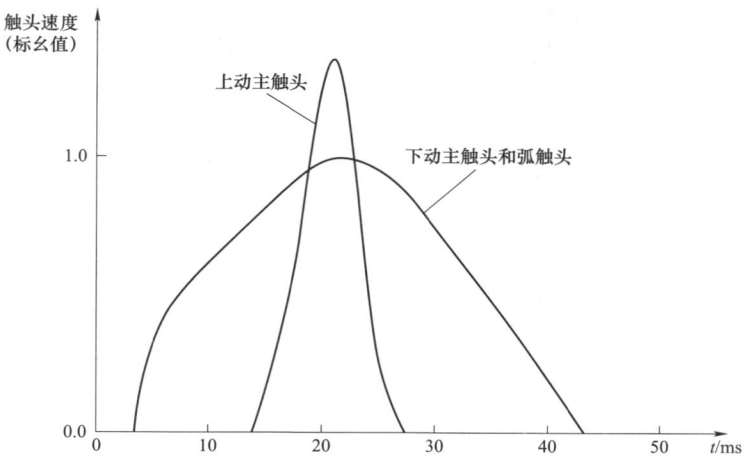

图 2–19　两触头的绝对速度

接触前的相对合闸速度也增大。这样，预击穿时间就减小了。通过控制电场分布使预击穿时的间隙距离更小，又减小了预击穿时间。为了减小电场应力，将屏蔽罩固定在喷口上。

以上提及的实例说明了如能够使采用双动原理的触头系统小功率弹簧操动机构应用到较高额定电压下，可通过降低操作功和简化设计来保证可靠性。

毫无疑问，操作功的降低减少了动力载荷，对操动机构的可靠性具有积极作用，因而对整个断路器的可靠性都有积极作用。然而，单动灭弧室的简易性却同时丧失了，因此这种灭弧室的可靠性预期会降低。

（5）倍速原理 SF_6 断路器。具有双倍速度的单动触头行程的灭弧室是双动原理的一个可能替代方案，可以通过安装在动触头下方的强有力的机构来实现，如图 2-20 所示。

倍速触头系统的基本概念是将全部断路器运动部分的质量 m 分为两部分，上部质量 m_1 和下部质量 m_2，并临时将下部质量的一部分动能转移到上部质量。为了实现动触头的稳

图 2-20　具有倍速触头行程的 SF_6 灭弧室
（a）合闸位置；（b）分闸位置

定驱动并沿直线运动，采用了几个特定形状的导向器。同时，导向器的形状控制动触头的速度。导向器的第一部分是直线和平行的，使其两侧产生相同的运动。导轨的曲线部分在弧触头分离前约 12mm 处开始工作。这样，整个运动链的上部质量开始加速，而下部分质量开始减速。这一增加的速度只能在触头分离后维持 10ms，之后导向器又变成直线和平行的，使其两侧速度相等，剩余的行程则与没有倍速机构时的情况相同。

上部质量速度（分闸速度）的实际提高也取决于运动链的驱动和灭弧室侧

的质量比，并降低到同一点。分闸速度的提高仅在触头分离后 **10ms** 是必需的。利用导向器的合理形状，甚至可以在不增强触头碰撞的情况下提高分闸速度，图 2-21 中的曲线对此进行了说明。由于通过灭弧室喷口的上下触头之间的固定机械连接不是必需的，灭弧室的机械简易性几乎被完全保留下来，使得在套管中安装和拆卸灭弧室更加容易，这是倍速原理的重要特点。

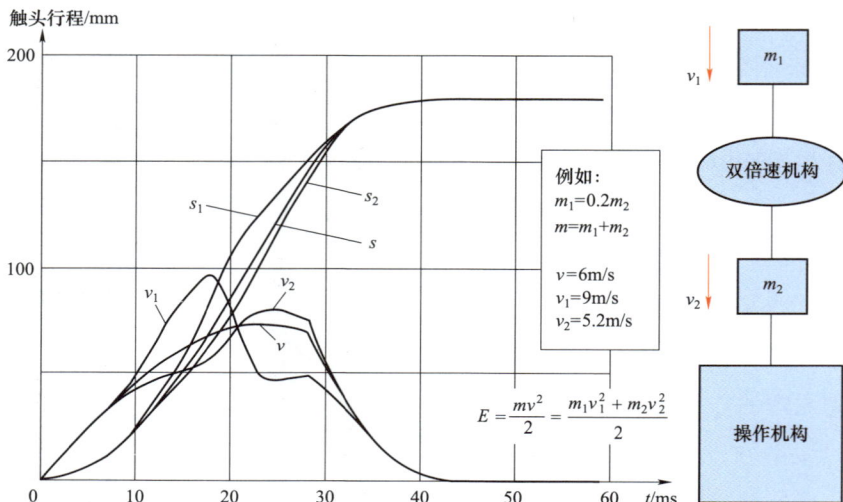

图 2-21 倍速（单动）触头行程的基本概念

将自能式、自补偿式和压气式原理相结合，无论是倍速还是双动触头，都显著降低了分闸功。与第一代压气式断路器相比，这种结合使所需的操作功几乎降低了一个数量级。这很好地说明了在过去 40 年里高压 SF_6 断路器发展领域中所取得的巨大进步。

而且，自能式和自补偿式原理还减少了灭弧所必需的 SF_6 气体用量，因此灭弧室外壳的总容积可减小 40%。这在经济和环境方面都是非常重要的。

最早致力于 SF_6 断路器的研究者们在当时就已经试图开发利用电流开断过程中的电弧热能，然而效果并不显著。这方面的工作在 30 年后又重新开始，此时设计者们已经有了更好的电弧模型和运算速度更快的计算机来处理问题。目前，断路器操作过程的计算机仿真已经广泛应用于灭弧室结构、灭弧室与操作机构之间机械相互作用的优化。仿真的另一个目的是通过减小操动机构和整个运动链上的受力来进一步提高断路器的可靠性。

新的计算机仿真工具的发展，以及对开关物理过程理解的深入，推动了现有灭弧室的优化和新型灭弧室的设计，这也减少了新型断路器研究、开发和型式试验过程中所必需的昂贵的短路与开合试验的数量。计算机辅助技术已经代替了产品开发中较早采用的经验方法，并且在缩短开发周期方面有明显趋势。

（6）旋弧式 SF_6 断路器。在所有其他类型的 SF_6 断路器中，电弧冷却都是通过沿着电弧驱动气流来实现的。只有在旋弧式 SF_6 断路器中，气体不运动是让电弧运动并在静止的 SF_6 气体中旋转。最终的效果在本质上是相同的，倘若由被开断电流产生的磁场足够强，那么用这种方式就可以实现有效的冷却和成功的熄弧。

旋弧技术有一个巨大的优势，就是所需的触头行程短、操作力小，因此操动机构的操作功非常小。旋弧式 SF_6 断路器可以设计采用功率更小因而价格更低的操动机构，实现比压气式断路器更为紧凑的设计。旋弧技术的更深层次优点是降低了触头磨损。然而，迄今为止，旋弧式灭弧原理还没有 SF_6 气体中的其他灭弧原理那样有效。在大多数情况下，仍需要附加的电弧气吹，即辅助压气作用来增强较低故障电流水平下的性能。这是因为当自生磁场强度不足以维持有效的电弧运动时，高效并安全地开断较小电流是不可能的。换句话说，如果没有辅助压气作用，结果会是没有或仅有限的气流，断路器在开断电容电流时就可能存在问题，关键在于究竟有没有可能解决这一问题。目前，SF_6 气体中的旋弧技术仍是一个挑战。

4. 真空断路器

与目前已知的所有其他类型断路器相比，真空断路器在机械上是最简单的，基本上仅由安装在真空泡内的静触头和动触头组成。当触头分离时，电弧由提供灭弧介质的阴极或负极性触头释放出的电离金属蒸气来维持，这与采用电离气体作为灭弧介质的充气或充油灭弧室的情况不同。当电流接近零点时，电离作用消失和蒸气冷却都是非常快的，保证了有效的电流开断，几乎与瞬态恢复电压的上升率无关。

从概念上讲真空断路器通常是很简单的，但其发展却比其他任何开断原理需要更多的时间和研究工作，这是由于当时一些支撑技术是无法实现的。

（1）与高度除气的触头材料，即被称为不含气电极的制造有关。除气是防止初始真空状态劣化所必需的，因为通常留在金属材料内部的大量气体在燃弧过程中会释放出来，导致气体累积并破坏真空度。

（2）缺乏合适的技术实现陶瓷和玻璃外壳与金属外壳的焊接或钎焊、陶瓷金属密封，而这是在密封断路器的 20～30 年寿命期间保持高真空所必需的。早期真空灭弧室的另一个薄弱环节是由截流产生严重的过电压，那时采用高熔点金属，如钨和钼作为触头材料以吸收燃弧过程中由电极形成的气体。

（3）高度清洁的触头表面在真空中产生严重的熔焊，这经常在正常触头压力和空载情况下发生。

最早提出利用金属蒸气作为灭弧介质的观点是在 19 世纪，但是对真空断路器的第一次认真研究是由 R.W.Sorensen 和 H.E.Mendenhall 于 20 世纪 20 年代在加利福尼亚理工学院（美国）进行的。他们证实了电流的成功开断，并在 1923 年研制出第一台真空断路器。

许多年来，真空灭弧室的巨大优势深深地吸引着开关设计者们，这完全是由于作为开断介质的"真空"的内在特性。除了已提到的机构简易性外，真空灭弧室不需要外界提供任何气体或液体，所以是不可燃的且不会释放出火焰或高温气体。由于气体分子之间没有非弹性碰撞，在电流零点电弧开断后真空具有最快的介质恢复强度。这意味着不存在气态介质中引发介质击穿的雪崩机理。

因此，真空断路器不需要电容器或电阻器来开断近区故障。由于燃弧时间短，触头间隙和电弧长度小，耗散在真空中的电弧能量几乎是 SF$_6$ 中的 1/10，甚至比油中还要少。电弧能量小使得触头烧蚀程度低。至少与其他类型的断路器相比，真空断路器需要相对较小的机械能来操作，因而可以采用简单可靠的操动机构，并且操作过程中噪声小。

以上提及的优点是克服现存技术问题的动力。到 20 世纪 50 年代末，经过长时间的努力并几乎开发出成功的真空断路器后，这些努力终于得到了回报。等离子体物理知识的进展和触头熔炼、陶瓷焊接领域的发展为研究提供了支撑，使得真空灭弧室变成现实。最终，美国通用电气公司于 1962 年宣布开发出第一台商用真空断路器，从那时起真空泡作为可行的灭弧室而牢固地确立了自己的地位。

真空断路器的核心部件是真空灭弧室，如图 2-22 所示，也称为真空泡，它是一个由密闭封接在一起的陶瓷和金属部件制成的真空密封容器，气体被完全排空而达到高真空状态。真空灭弧室内部的压力小于 10^{-2} Pa。一对触头置于真空灭弧室内部，利用金属波纹管使其中一个触头运动，从而将触头分开，这是因为对于真空来说任何类型的垫圈都不足以密封。电弧由电极蒸发出的金属蒸气来维持并在触头分离过程中被拉长。电弧在电流零点熄灭，蒸气粒子凝结在固体表面。

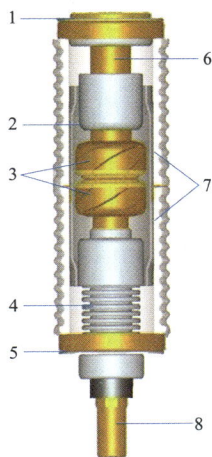

图 2-22　真空灭弧室
1—静端盖板；2—主屏蔽罩；3—触头；
4—波纹管；5—动端盖板；6—静导电杆；
7—绝缘外壳；8—动导电杆

真空灭弧室的成功开断几乎与瞬态恢复电压的上升率无关，但其介质恢复特性在很大程度上受阳极斑点形成的影响，这主要取决于电极材料及其设计。阳极斑点是相对较大的熔融金属"池"，在正弦电流幅值附近产生。如果阳极斑点大到无法在电流过零点时凝固，将继续发射蒸气，从而削弱了介质恢复强度。真空灭弧室触头系统中的电弧控制装置旨在抑制阳极斑点的形成。所以，开断过程中真空触头的输入能量密度最小化是很重要的。为了实现这一目标，电弧应保持扩散形态，这样可以减少每平方毫米的能量输入；或使电弧保持螺旋运动，以避免电弧滞留在某一个位置。因为没有机械的方法来控制真空电弧，影响电弧通道的唯一可能是通过与磁场相互作用的方式。至此已经提出了许多设计方案来实现这样的相互作用，但两种最实用的方法如下：

1）利用电弧电流与其产生的横向磁场之间的相互作用。

2）利用安装在真空灭弧室内部或外部且作为灭弧室组成部分的产生纵向磁场的线圈。

取决于所采用的方法，磁场可以按径向/横向或纵向的方向与电弧发生作用。真空灭弧室的开断能力还取决于触头的表面积。在纵向磁场条件下，较大的电极具有更好的开断能力，纵向磁场下真空灭弧室的开断能力与电极直径的关系如图2-23所示。额定电流与触头表面积有关，因此，触头面积必须足够大以吸收电弧能量而不会过热，而且要在足够的面积中提供充足的接触点，从而在额定电流通过期间保证合理的功率耗散。

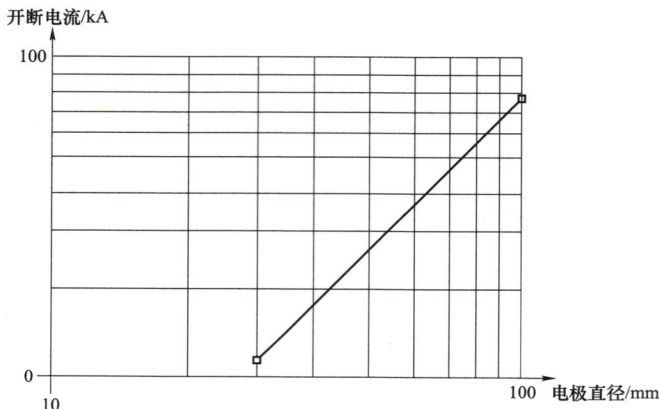

图2-23　纵向磁场下真空灭弧室的开断能力与电极直径的关系

真空灭弧室中进行开断的空间位于触头间隙、触头自身的长度以及触头与屏蔽罩之间。

因为真空的高绝缘强度，真空灭弧室内部空间可以相当小，但是真空灭弧室外部的绝缘强度同样要满足要求。因此，主要是外部绝缘强度决定了真空灭弧室的绝缘筒长度。某些专门设计的灭弧室在使用时浸入到 SF_6 中，比在空气中使用的灭弧室要短得多。

很多可能的真空灭弧室设计方案都已经被考虑，图2-24给出了其中最重要的两种。总体上讲，绝大多数商用灭弧室都是这两种类型的。

在图2-24（a）方案中，触头被冷凝金属蒸气的主屏蔽罩包围，该屏蔽罩用来保护绝缘的陶瓷内壁使之不会被冷凝的金属蒸气变成导电的。两个端部屏蔽罩阻止金属蒸气从端部盖板反射到绝缘筒上。在大多数设计中，主屏蔽罩处于悬浮电位，因为那样开断性能更好。屏蔽罩还有另外一个功能，就是减轻陶瓷与金属连接处的电场应力。所谓的三体交界处即导体、绝缘体和真空之是引起击穿的放电源点。减小三体交界处的电场应力可以降低击穿概率。

　　这一设计方案中，灭弧室的长度比它的直径略大一些。导电杆相对较短，简化了机械和热方面的设计。

　　图 2-24（b）给出了一种替代设计方案，以增加长度为代价使真空灭弧室的直径减小。主屏蔽罩成为外壳的一部分，将绝缘筒等分为两部分并分别置于灭弧室两端。另一个附加的屏蔽罩用来保护波纹管，以免它被来自触头的炽热粒子烧穿。

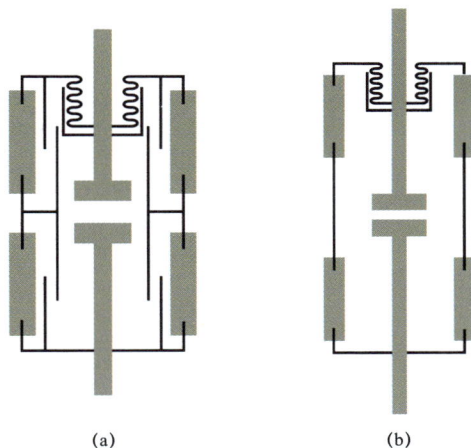

图 2-24　真空灭弧室设计方案
（a）长度较小而直径较大；（b）长度较大而直径较小

　　从设计的角度来看，重要的是主屏蔽罩要具有足够的热容量和热导率来吸收热流而不会使温升过高。

　　除了超常的开断能力外，真空灭弧室最重要的特点是它的机械寿命和电寿命。真空灭弧室的机械寿命超过了断路器所要求的机械寿命。真空灭弧室可以在免维护的情况下进行一万次正常负载操作，并且能够满足标准要求的电寿命试验。真空灭弧室是环境友好型产品并且不会造成潜在的危险，在其寿命结束后也不需要进行专门的废物处理。另外，真空灭弧室的结构是对用户友好的，易于安装在真空断路器中，如图 2-25 所示。

　　真空技术被认为最适合用于中压领域。虽然 72.5kV 和 145kV 的商用灭弧室已经开发出来，但还没有得到广泛应用。目前一致认为真空断路器将在 21

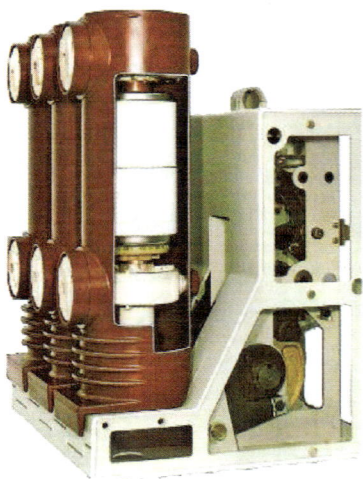

图 2-25　真空断路器

世纪的中压技术领域占据主导地位。

尽管在额定电压 52kV 以上的高压领域，真空断路器的运行经验十分有限。但仍会有越来越多的真空断路器将在额定电压 72.5～170kV 之间的场合安装使用，现安装最多的是日本已经安装了数千台高压真空断路器。主要是因为 SF_6 气体的强温室效应已经引起全球性关注，从客观的碳足迹分析来看，这一点必须考虑在内。然而，与 SF_6 断路器相比，真空断路器具有较高的负载损耗。因此，对比两者的优劣，还需将真空断路器与 SF_6 断路器的全寿命周期进行对比分析。真空断路器的优点还有操作次数多，维护量小，在极低温度下无液化问题等。

2.1.3　操动机构

2.1.3.1　操动机构的组成

操动机构（operating mechanism）是高压断路器驱动主触头的重要部件，它主要由能量转换单元、传动单元和控制单元组成。操动机构的基本结构及其原理如图 2-26 所示。

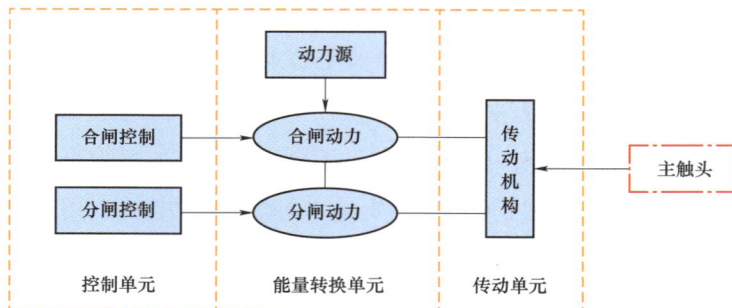

图 2-26　操动机构的基本结构及其原理

（1）能量转换单元。高压断路器合分闸动作的最后完成都是依靠机械能来实现的，因此必须有将电能转换为合分闸操动时所需的机械动力等机械能的能量转换单元。不同的操动机构其能量转换单元也不同，高压断路器采用的主要有电磁铁、电动机、液压机构、压缩空气工作缸等。

（2）传动单元。用于将能量转换单元转换来的机械能传递给开关，驱动开关动作，一般指四连杆机构、拐臂和拉杆等。

（3）控制单元。正确接受合分闸控制信号并触发合闸动力或分闸动力经传动单元执行合分闸操作。操动机构需要完成的主要功能是储能、储能保持、合闸、合闸保持、分闸和自由脱扣，还需要在电路的控制下实现重合闸。

2.1.3.2　断路器对操动机构的基本要求

统计资料表明，国产断路器与进口断路器在质量上的主要差别体现在操动机构上。由操动机构造成的非计划停运次数占停运总数的 63.2%。扣除操动机构的影响，国产断路器与进口断路器的非计划停运率相当。可见，操动机构的质量性能对于断路器是至关重要的。

因为高压断路器的分合闸动作是依靠操动机构来完成的，所以断路器的工作性能，特别是动作特性方面直接由操动机构所决定。断路器对操动机构的基本要求如下：

（1）动作可靠，特性稳定。操动机构应具有足够的操作能量。对于运行中的断路器，无论液压操动机构或气压操动机构，其液压或气压在任何时刻都必须保持在规定范围内，如果不符合要求需自动启动油泵或空压机加压。对于弹簧操动机构来说，则必须在合闸前完成储能工作且储能弹簧的弹力必须满足 1次合闸和 1 次分闸的操作功能要求。无论何种类型的机构，其合分闸脱扣器必须良好、可靠。

（2）防"跳跃"功能。当断路器关合有故障的电路时，断路器将在继电保护装置的控制下迅速分闸，若此时合闸命令还未解除，断路器分闸后将再次合闸，紧接着又分闸。这样断路器可能出现多次合分闸，这种现象称为"跳跃"。断路器在运行中若发生"跳跃"现象，将会因为反复关合和开断故障电流造成触头严重烧损，甚至可能导致断路器爆炸。防"跳跃"功能的实现，一般有"自由脱扣"的机械方式和装设"防跳"继电器的电气方式。

（3）防慢分功能。对液压机构而言，当断路器处于合闸位置时，如果操动机构的油压较低或降为零时，控制回路自动切断分闸回路，防止慢速分闸。

（4）联锁功能。在操动机构内部，靠与合分闸位置对应的辅助开关触点实现合分闸位置联锁功能；在断路器完成合闸操作时自动断开合闸操作电源并转换为分闸准备状态，在断路器完成分闸操作时自动断开分闸操作电源并转换为合闸准备状态。

（5）缓冲功能。因为断路器的合分闸速度很快，在合闸或分闸到位的时候，需要使可动部分从高速运动状态很快地变为静止状态，并有效减少高速运动的触头的巨大冲击力的破坏作用，所以操动机构上都必须装设缓冲装置。常用的缓冲器有：

1）油缓冲器。它将动能转变为热能吸收掉。

2）弹簧缓冲器。它将动能转变成势能储存起来，必要时再释放出来。

3）橡胶垫缓冲器。它将动能转变成热能吸收掉，结构最简单。

4）油或气的同轴缓冲装置。它在合分闸后期，使某一运动部件在充有压力油或气的狭小空间内运动，从而达到阻尼的作用。

2.1.3.3 操动机构的种类

高压断路器的操动机构有多种型式，包括弹簧操动机构、液压操动机构、气动操动机构、永磁操动机构、手动操动机构、电磁操动机构、电动机操动机构等。

（1）弹簧操动机构。弹簧操动机构是一种以弹簧作为储能元件的机械式操动机构。弹簧的储能是借助电动机和机械装置来完成的，并由锁扣系统保持在储能状态。合闸操作靠释放弹簧的储存能量完成，且同时对分闸弹簧储能；开断时，锁扣借助电磁力脱扣，释放分闸弹簧能量，通过力传递单元使主触头运动。

弹簧操动机构的主要优点：

1）合、分闸电流都不大（一般为 2A 左右），所以要求电源的容量也不大。

2）既可远方电动储能，电动合闸、分闸，也可就地手动储能，手动合闸、分闸。因此，在直流电源消失的情况下也可手动进行合闸、分闸操作。

3）动作快，且能快速自动重合闸。

4）一般为模块化结构，集成度较高，动作可靠。

弹簧操动机构的主要缺点：

1）对零部件加工精度要求高。

2）结构较复杂。

（2）液压操动机构。液压操动机构利用液体不可压缩原理，以液压油作为传递介质，将高压油送入工作缸两侧以实现断路器的合分闸。

液压操动机构主要优点：相同输出功率下，体积较小；传动无间隙，运行平稳，便于实现频繁换向；操作灵活，易于实现自动；推力大；可靠性高，维护工作量少。由于液压操动机构的诸多优点，所以多用于 72.5～800kV 超高压断路器。

液压操动机构的主要缺点：漏油现象比较普遍；运动特性受温度影响较大；油流阻力大，不宜长距离传动；对检修工作技术水平要求较高。

（3）气动操动机构。气动操动机构也叫气压弹簧操动机构。SF_6 产品所配的气动操动机构是一种以压缩空气作为动力进行分闸操作，辅以合闸弹簧作为合闸储能元件的操动机构。压缩空气靠操动机构自备的压缩机进行储能，分闸过程中通过气缸活塞给合闸弹簧进行储能；同时经过机械传动单元使触头完成分闸操作，并经过锁扣系统使合闸弹簧保持在储能状态。合闸时，锁扣借助磁力脱扣，弹簧释放能量，经过机械传动单元使触头完成合闸操作。所以该机构确切的名称应为气动—弹簧操动机构。

气动操动机构结构简单，可靠性高，分闸操作靠压缩空气作为动力，控制压缩空气的阀系统为一级阀结构。合闸弹簧一般为螺旋压缩弹簧。运行时分闸所需的压缩空气通过控制阀封闭在储气罐中，而合闸弹簧处于释放状态。这样分、合各有独立的系统。能满足这样设计的气动操动机构具有高度的可靠性和稳定性，可满足"分 – 0.3s – 合 – 180s – 分"操作循环下，机械稳定性试验进行一万次。

（4）永磁操动机构。永磁操动机构简单地说就是电磁铁与永久磁铁的组合体，可分为双稳态结构单稳态结构两种。在双稳态结构中，靠电容器储能放电使分、合闸电磁铁线圈分别励磁，驱动铁芯进行分、合闸操作，并由永久磁铁保持在分、合闸的不同位置单稳态结构中，合闸时电容器放电使电磁铁线圈励磁，驱动铁芯动作合闸，同时将分闸弹簧和触头弹簧压缩储能，并由永久磁铁保持在合闸位置；分闸时电容器储能放电向电磁铁线圈施加反向电流进行减磁，在分闸弹簧和触头弹簧力的作用下分闸，并由分闸弹簧保持在分闸位置。

永磁操动机构的主要优点是结构简单，元件数量少。永磁操动机构的主要缺点如下：

1）合闸电流大，要求大功率的直流电源。

2）由于合闸电流大，一般的辅助断路器、中间继电器触点等很难投切这么大电流。因此，必须另配直流接触器，利用直流接触器的带消弧线圈的触点来控制合闸电流，从而控制合、分闸。

3）电源电压变动对合闸速度影响大。

4）耗费金属材料多。

5）这种断路器一般只具备电动合闸、电动分闸和手动分闸的功能，而不具备手动合闸的功能。因此，当机构内出现故障而使断路器拒绝电动合闸时，必须在停电条件下，打开机构箱才能进行处理，否则将无法正常送电。这是永磁机构的最大缺点。

以上几种操动机构的优缺点比较如表 2 – 1 所示。

表 2 – 1   几种操动机构的优缺点比较

比较项目	弹簧操动机构	液压操动机构	气动操动机构	永磁操动机构
储能与传动介质	螺旋压缩弹簧/机械	氮气/液压油压缩性流体/非压缩性流体	压缩空气/弹簧压缩性流体/机械	永久磁铁/电磁铁
适用的电压等级（kV）	10～252	72.5～800	126～550	10～40.5

续表

比较项目	弹簧操动机构	液压操动机构	气动操动机构	永磁操动机构
出力特性	硬特性，反应快，自调整能力小	硬特性，反应快，自调整能力大	软特性，反应慢，有一定自调整能力	硬特性，反应快，自调整能力小
反应、速度特性	反应敏感，速度特性受影响大	反应不敏感，速度特性基本不受影响	反应较敏感，速度特性在一定程度上受影响	反应较敏感，速度特性在一定程度上受影响
环境适应性	强，操动噪声小	强，操动噪声小	较差，操动噪声大	强，操动噪声小
维护工作量	最小	小	较小	小
相对优缺点	无漏油，漏气可能；体积小，质量轻	制造过程稍有疏忽容易造成渗漏，尤其是外渗漏；存在漏油、漏液的可能	稍有泄漏不影响环境；空气中水分难以滤除，易造成锈蚀	—

2.1.3.4　高压断路器操动机构的型号表示

我国 JB/T 8754—2018《高压开关设备和控制设备型号编制办法》规定的操动机构类型如表 2-2 所示，操动机构全型号表示如图 2-27 所示。

表 2-2　　　　　　　　　　操 动 机 构 类 型

产品	操动机构类别						
	弹簧	电磁	液压	气动	重锤	电动机	人力
符号	T	D	Y	Q	Z	J	S

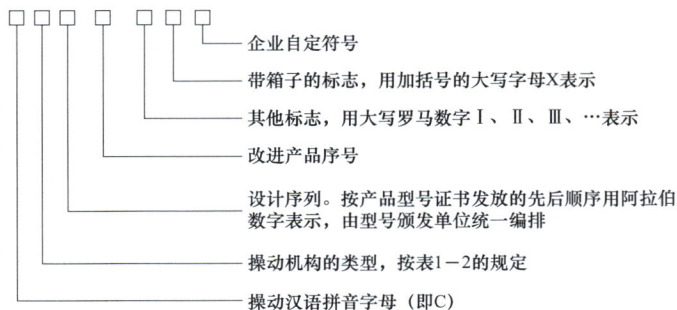

图 2-27　操动机构全型号表示

2.2 断路器机械特性检测基本概念

2.2.1 断路器操作的基本概念

操作的含义从电气意义上来说，是关合或开断回路；从机械意义上来说，是合闸或分闸。断路器操作指动触头从一个位置转换至另一个位置的动作过程。操作相关定义如下。

操作循环：从一个位置转换到另一位置再返回到初始位置的连续操作。如有多个位置，则需通过所有其他位置。

操作顺序：有规定时间间隔和顺序的一连串操作。

合闸操作：断路器从分闸位置转换到合闸位置的操作。

分闸操作：断路器从合闸位置转换到分闸位置的操作。

自动重合闸：断路器分闸后，经过预定时间自动再合闸的操作顺序。

储能操作：利用储存在操动机构本身的能量的一种操作这些能量应在操作前储存并达到预定条件。

操作力：完成预定操作而需施加到执行器上的力。

行程：移动部件上一点的位移（平移或旋转）。

合闸位置：保证断路器装置主回路中的触头处于预定连续通电的位置。

分闸位置：保证断路器装置主回路中分闸的触头间具有预定间隙的位置。

固定脱扣机械断路器装置：不处于合闸位置时，不能脱扣的开关装置。

自由脱扣机械断路器装置：当合闸操作起始后需要立即操作时，即使合闸指令继续保持着其动触头也能返回且保持在分闸位置的开关装置。

动作电流：当电流大于或等于此值时，脱扣器即能动作的电流值。

关合：用于建立回路通电状态的合操作。

开断：在通电状态下，用于回路的分操作。

自动重关合：在带电状态下的自动重合操作。

时间行程特性：合、分操作中，断路器的动触头行程与时间的关系。

分闸速度：断路器分闸过程中，触头的相对运动速度。

合闸速度：断路器合闸过程中，触头的相对运动速度。

2.2.2　断路器特性参量

断路器的分、合速度，分、合闸时间，分、合闸不同期程度等，都将直接影响断路器的关合和开断性能。断路器只有保证适当分、合闸速度，才能充分发挥其开断电流的能力，以及减小合闸过程中预击穿造成的触头电磨损及避免发生触头熔焊。断路器分、合闸的严重不同期，将造成线路或变压器的非全相接入或切断从而可能出现危害绝缘的过电压。

断路器的机械特性主要包括断路器主触头的位置特性、断路器的时间特性及断路器的速度特性等。

2.2.2.1　断路器主触头的位置特性

（1）触头开距。分位置时，断路器一极的各触头之间或其连接的任何导电部分之间的总间隙称为触头开距。

（2）触头行程。在断路器操作过程中，触头从起始位置到终止位置所走的距离称触头行程。

（3）触头超行程。在断路器合闸过程中，动静触头接触后，动触头继续前进的距离称触头超行程。超行程等于行程与开距之差。

注意：对某些结构（如对接式触头），超行程指触头接触后产生闭合力的动触头部件继续运动的距离。

断路器的位置特性可采用游标卡尺或钢皮尺进行测量。

2.2.2.2　断路器的时间特性

（1）分闸时间。分闸时间是指从断路器分闸操作起始瞬间（接到分闸指令瞬间）起到所有极的触头分离瞬间为止的时间间隔，断路器分闸时间的定义示意如图 2-28 所示。对于所有断路器都应做此试验。

（2）合闸时间。合闸时间是指处于分闸位置的断路器，从合闸回路通电起到所有极触头都接触瞬间为止的时间间隔，断路器合闸时间的定义示意如图 2-29 所示。对于所有断路器都应做此试验。

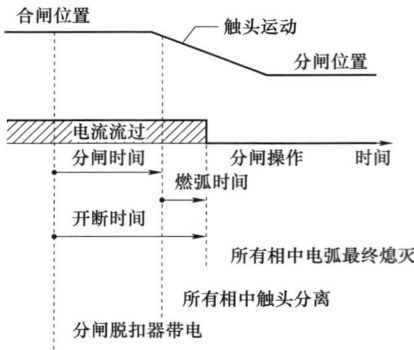

图 2-28　断路器分闸时间的定义示意图　　图 2-29　断路器合闸时间的定义示意图

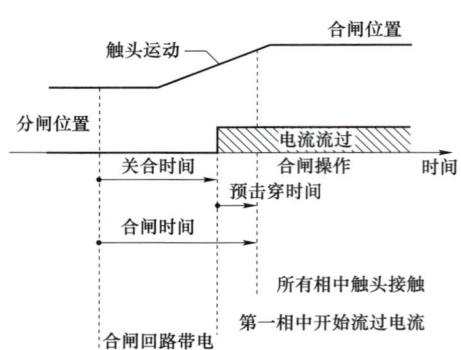

（3）分合时间。分合时间是断路器在自动重合闸时，从所极触头分离瞬间起至首先接触极接触瞬间为止的时间间隔。对于具有重合闸操作的断路器，应做此试验。

（4）合分时间。合分时间是断路器在不成功重合闸的合分过程中或单独合分操作时，从首先接触极触头接触瞬间起到随后的分操作时所有极触头均分离瞬间为止的时间间隔对于具有重合闸操作的断路器，应做此试验。

（5）无电流时间（自动重合时）。在自动重合闸过程中，断路器分闸操作时，从各极均熄弧起到随后重新合闸时任意一极首先通过电流时的时间间隔。

（6）重合闸时间。断路器在重合闸操作中，从接到分闸指令瞬间起到所有极的动静触头都重新接触瞬间的时间间隔。

（7）分闸与合闸操作同期。断路器在分闸和合闸操作时，三相分离和接触瞬间的时间差，以及同相各灭弧单元触头分离和接触瞬间的时间差，前者称为相间同期性，后者称为同相各断口间同期性。对所有断路器都应做此试验。

（8）真空断路器的合闸弹跳时间。由于真空断路器在合闸状态没有插入行程，而是两个触头平面依靠一定压力接触在一起，所以在合闸过程中由于动静触头的非弹性碰撞而引起弹跳。弹跳值大小与诸多因素有关，如触头弹簧的弹力、合闸速度、开距以及真空断路器的触头材料等，安装、调试质量，零部件如铝支座、灭弧室、轴销、换向器的加工精度等，都会影响合闸弹跳时间的长短。

真空断路器的触头多为对接式结构，在分合闸操作中都可能产生不同程度的反弹现象，不论分闸反弹还是合闸反弹都会给设备带来一定的危害，如波纹管经受强迫振动可能产生裂纹，使灭弧室漏气；分合闸时的冲击速度及冲击力较大，发生弹跳可能产生触头和导电杆的变形，甚至产生裂纹；切合电容器组的真空断路器如果发生合闸弹跳，还会导致电容器的损坏。

220～500kV 高压断路器分合闸时间标准值如表 2-3 所示。

表 2-3　　　　　　220～500kV 高压断路器分合闸时间标准值

项目		500kV	330kV	220kV
开断时间（ms）		≤40 或 50	≤50 或 60	
分闸时间（ms）		≤20 或 30	≤30 或 40	
合闸时间（ms）		≤100	≤100	
重合闸金属短接时间（ms）		≤50 或 60	≤60 或 70	≤70
分闸不同期时间（ms）	相间	≤3	≤5	
	同相断口间	≤2	≤2	
合闸不同期时间（ms）	相间	≤5	≤5	
	同相断口间	≤3	≤3	
重合闸无电流间隔时间		0.3s 及以上可调		

2.2.2.3　断路器的速度特性

合闸速度和分闸速度是指主触头发生位移的距离与其动作过程所花时间的比值，实际就是平均速度。时间行程特性比平均速度更能真实地反映动触头的运动特性，因为它能形象地描述断路器在合、分操作过程中，动触头的行程与时间的对应关系。

（1）刚分速度。刚分速度指断路器分闸过程中，动触头与静触头分离瞬间的运动速度。技术条件无规定时，国家标准推荐取刚分后 10ms 内的平均速度作为刚分点的瞬时速度，并以名义超程的计算点作为刚分计算点。

（2）刚合速度。刚合速度指断路器合闸过程中，动触头与静触头接触瞬间的运动速度。技术条件无规定时，国家标准推荐取刚合前 10ms 内的平均速度作为刚合点的瞬时速度，并以名义超程的计算点作为刚合计算点。

在对刚分速度和刚合速度的理解上有两个值得注意的问题：

1）刚分（刚合）位置对刚分（刚合）速度的影响。顾名思义，断路器刚分（刚合）位置是动、静触头刚开始分离（或接通）瞬间的位置，但目前尚无明确规定。

目前确定刚分（刚合）位置的方法有两种：一种是以引弧环端面为准，即以超行程尺寸来确定刚分（刚合）点；另一种是用电气分断或接通来确定刚分（刚合）点。由于实际上不能做到动触头绝对沿一直线运动，因此不能保证刚分（刚合）点的位置不变。由于刚分（刚合）点位置发了变化，则据此计算出的速度值也会不同。

2）刚分（刚合）速度的定义。现在断路器种类千差万别，每种断路器给出的速度定义都不一样，所以根据速度定义计算出的刚分（刚合）速度值也不一样，因此在测速前，必须知道断路器制造厂的速度定义情况，方能得到正确的速度值。

（3）平均速度。一般指断路器分（合）闸过程中，动触头总行程的前后各去掉 10%，取中间 80%，动触头运动的行程与时间之比。

（4）最大速度。断路器分合闸过程中每个区段平均速度的最大值，但区段长短应按断路器技术条件的规定，如无规定，一般按 10ms 计算。

（5）分闸、合闸速度的其他定义。随着 SF_6 断路器和真空断路器越来越普及，断路器的型号越来越多，其分闸、合闸速度的定义不同，但只要测出断路器动触头运动的时间—行程曲线，依据开关制造厂关于分闸、合闸速度的定义，在曲线上取出速度取样段，即可算出对应的分闸、合闸速度值（取样段内的行程与时间比）。

第3章

断路器机械特性检测设备

3.1 断路器机械特性测试仪

断路器机械特性测试仪又称断路器动特性测试仪（简称测试仪）。该产品有近 30 年的历史，生产厂家较多。通过不断的改进，现在测试仪的产品性能已经愈加完善。随着计算机技术和传感器技术水平的不断进步，高压断路器机械特性测试设备已逐渐发展成为智能化、数字化、图形化的综合性测试工具，断路器机械特性测试仪如图 3-1 所示。

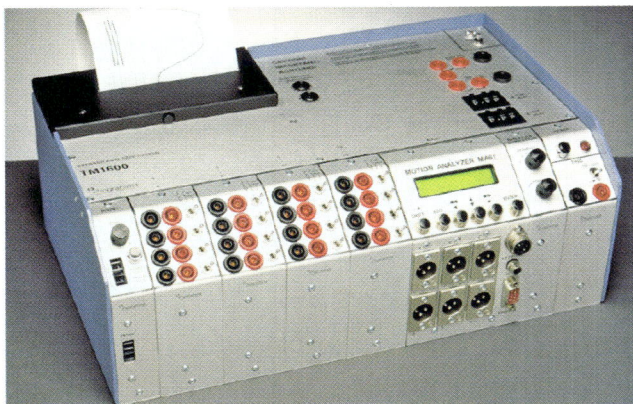

图 3-1 断路器机械特性测试仪

机械特性参数是检验断路器性能的重要技术指标。测试仪是用来对高压断路器的分/合闸动作时间、动作速度、行程等机械特性参数进行测试的仪器。测试仪将高压断路器动静触头的闭合与断开状态的改变转化为动、静触头两端电平信号的变化，通过对电平信号进行计时，便能准确地测出断路器的分合时间，弹跳次数和弹跳时间。如果对多个断口的多路信号进行计时则既能测出时间又能计算出动作时间同期性。断路器的动作速度等参量通过安装速度传感器来实现检测。

测试仪主要应用于生产厂对高压断路器的出厂检测；电力系统对现场安装后的断路器的验收检测，对运用中断路器的定期故障检测、检修后的性能测试。电力系统使用测试仪对断路器进行定期或不定期测试的目的是检查断路器各部件的强度和机械操作是否正确、灵活；运动特性是否满足要求，以判断断路器工作性能的可靠性，减少由于机械故障造成的事故。

高压断路器机械特性测试仪以 GB 1984—2014《高压交流断路器》和 DL/T 846.3—2004《高电压测试设备通用技术条件　第 3 部分　高压开关综合测试仪》为设计依据和检验标准。这种仪器能够准确地测量出各种电压等级的少油、多油、真空、SF_6 等不同类型的高压断路器的机械动作特性参数。DL/T 846.3—2004《高电压测试设备通用技术条件　第 3 部分　高压开关综合测试仪》规定了测试仪的功能特性、技术要求、试验方法、试验规则及标志、包装、运输与储存。该标准适用于高压断路器动作特性测试仪的生产制造、试验及验收等。

尽管测试仪生产厂家多，名称、型号各异，但其工作原理基本相同。断路器机械特性测试仪基本工作原理如图 3－2 所示。220V 交流源经变换后给测试仪电路及主 CPU 供电；主 CPU 通过 D/A（数模转换）调节直流开关电源的输出电压，同时通过合闸控制或分闸控制对被测断路器进行合闸或分闸操作；合闸或分闸操作时的电压电流均通过 A/D（模—数转换）进行测量；合分闸控制的输出电压和断路器主触头的合分闸位置均通过光电隔离后由主 CPU 采集；外接速度传感器信号直接送主 CPU 进行速度信号处理。

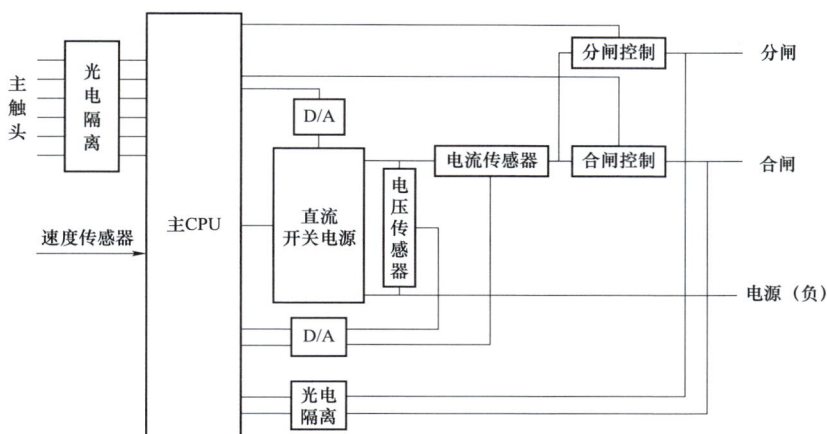

图 3－2　机械特性测试仪基本工作原理

现在的断路器机械特性测试仪一般都具有高速数据采集处理能力，能抵御超高压、强电磁场等外界干扰，同时具有多路端口同时分析功能，以及测试精度高等特点。针对不同断路器的不同测试要求，测试仪还具有丰富完善的用户自定义功能。测试仪内置的隔离型可调直流电源及操作控制，可直接对被测断路器进行分/合闸、重合闸及自动和手动控制，也可以进行低电压动作试验。

（1）测试仪的主要功能。

1）低电压分/合闸操作测试。

2）分/合闸时间测试。

3）合分闸线圈电流波形曲线记录和显示。

4）三相不同期和同相不同期测试。

5）分/合闸平均速度测试。

6）弹跳次数及弹跳时间测试。

7）重合闸及金属短接时间测试。

8）行程—时间（速度）曲线记录和显示。

（2）测试仪的主要技术指标。

1）工作电源：AC220V±10%；频率：50Hz±5%。

2）环境温度：－10～40℃；相对湿度：≤85%。

3）绝缘电阻：≤2MΩ。

4）介电强度：电源进线对机壳能承受 1.5kV 1min 的耐压测试。

5）时间测试范围：1～499.9ms；分辨率，0.01ms；精度，0.001ms。

6）速度测试范围：15m/s；分辨率，0.01m/s；精度±1%读数＋2 个字。

7）行程测试范围：不限；分辨率，0.01mm；精度 1%读数＋2 个字。

8）直流电源选择范围：25～265V/10A；分辨率，1V；精度≤±1%。

测试仪与断路器的接线示意图如图 3-3 所示。图 3-3（a）为分/合闸控制接线，按图用导线将断路器操动机构上合闸线圈的两端和分闸线圈的两端分别与测试仪上的合闸、分闸接线柱相连，若合闸或分闸线圈前级有接触器，则应把接触器线圈接到相应的接线柱上。

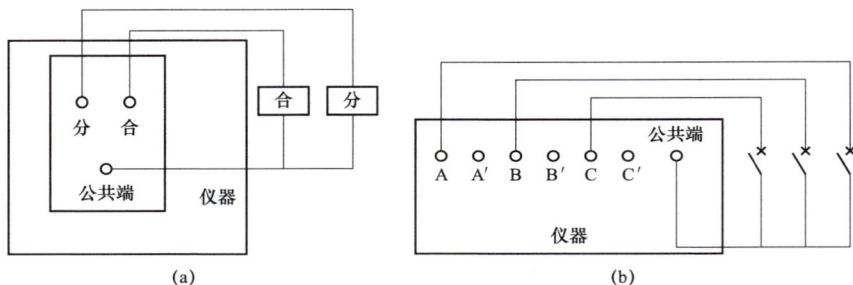

图 3-3　测试仪与断路器的接线示意图
（a）分/合闸控制接线；（b）三相单断口接线

断路器主触头有单断口和多断口位置信号的集方式，三相单断口可采用图 3-3（b）所示的四线接法。将 A、B、C 三极断口的同一端用导线短接，并连到测试仪断口信号公共端接线柱，A、B、C 三极断口的另一端分别用导线连到测试仪上断口信号的 A、B、C 接线柱。双断口可采用七线接法，将 A相两个静触头线分别接在仪器断口信号 A 与 A′的红色接线柱上，将三相所有的动触头都用线连在一起接在相应的黑接线柱上，B、C 两相接法依此类推。

3.2　SA10 型便携式断路器测试分析设备

SA10 型便携式断路器测试分析设备（简称 SA10）是可以用作对断路器进行出厂检测和变电站现场测试分析的设备。它可对断路器进行离线条件下完整全面的测试，分析并可抵御强的电磁和静电干扰。SA10 还具有测量参数的提示和警示功能，当某参数超标时，该参数会以红色字符显示，通知测试人员。同时，它可将实测曲线与历史曲线进行叠加比较，方便检修人员对测试结果进行比较和分析，了解断路器性能的变化趋势，以便及时提出维修方案。SA10 产品外形如图 3－4 所示。

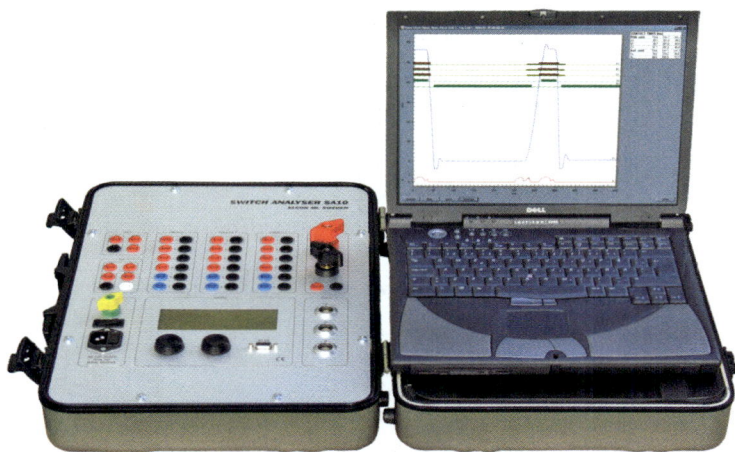

图 3－4　SA10 产品外形

3.2.1　SA10 测试传感器

SA10 配有的测试传感器主要有两种：

（1）可变电阻式传感器：包括直线型传感器和旋转型传感器，但旋转型可变电阻式传感器有测量死区，测量时需要找出死区位置。

（2）数字解码器原理传感器：目前旋转型数字解码器原理传感器应用较多，这种传感器是通过计算脉冲数量的方式测量转动角度大小，精度高，无死区，可以随意安装。

SA10 测试传感器及其现场安装如表 3－1 所示。

表 3-1　　　　　　　　　SA10 测试传感器及其现场安装

序号	传感器	现场安装图	传感器及支架
1			
2			
3	直线型可变电阻式传感器		
4			
5			

续表

序号	传感器	现场安装图	传感器及支架
6	旋转型 数字解码器 原理传感器		
7			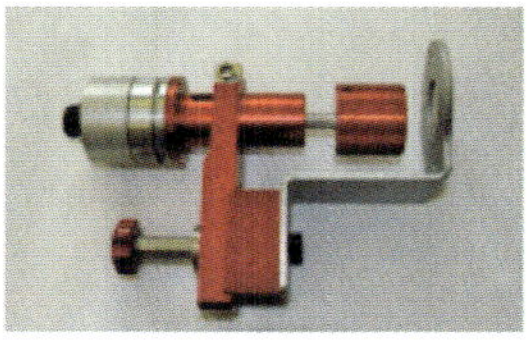
8		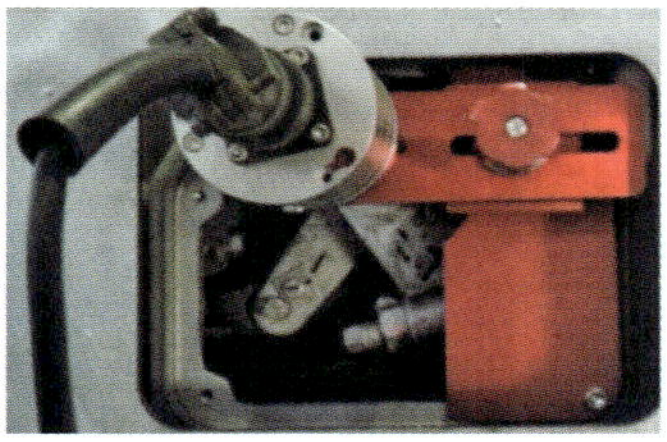	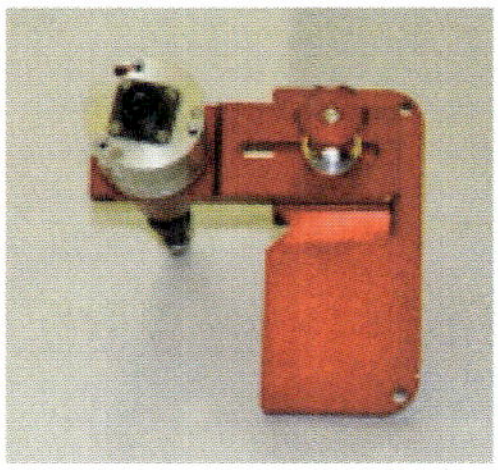

3.2.2　SA10 测试主机及参数

3.2.2.1　控制面板布置图

SA10 控制面板布置图如图 3 – 5 所示。

3.2.2.2　测试软件 BTS11

SA10 是利用 BTS11 进行测试和分析的，此软件可同时适用于现场测试设备和工厂测试设备，测试数据可在两种设备间传输，便于数据的比较和分析，尤其对于断路器故障的诊断，能提供重要的依据。

55

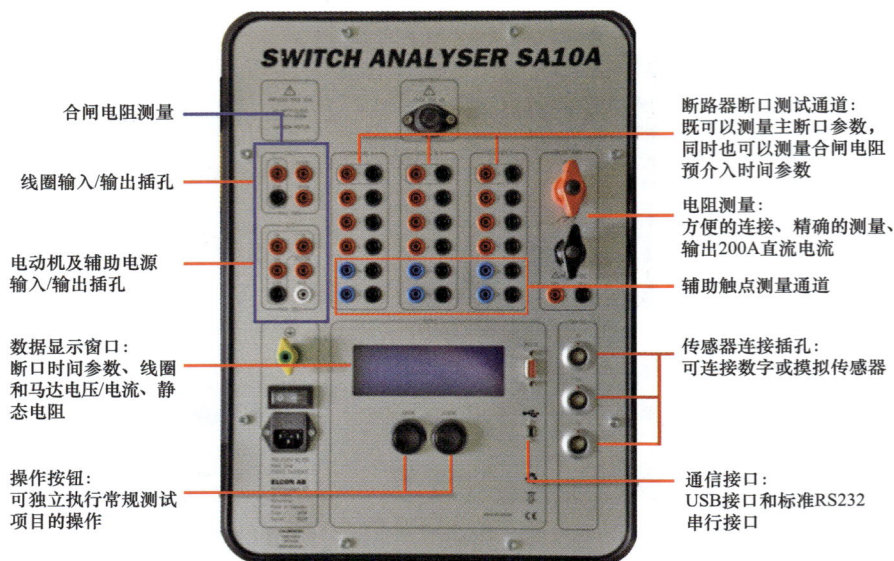

合闸电阻测量

线圈输入/输出插孔

电动机及辅助电源
输入/输出插孔

数据显示窗口：
断口时间参数、线圈
和马达电压/电流、静
态电阻

操作按钮：
可独立执行常规测试
项目的操作

断路器断口测试通道：
既可以测量主断口参数，
同时也可以测量合闸电阻
预介入时间参数

电阻测量：
方便的连接、精确的测量、
输出200A直流电流

辅助触点测量通道

传感器连接插孔：
可连接数字或摸拟传感器

通信接口：
USB接口和标准RS232
串行接口

图 3-5 SA10 控制面板布置图

（1）BTS11 特征。

1）对于所有可能的测试项目，简单的操作便可实现。

2）基本测试项目：快速测试，无须设置。

3）各种可能的测试曲线分析窗口。

4）数据分析功能：可与先前测试曲线比较分析。

5）统计分析功能。

6）输入/输出测试数据。

7）自动单元转换。

8）设置测试报告格式，使用 word 文档，打印定制的测试报告。

9）适用于不同用户和各种水平的 SQL 或 Access 数据库。

（2）其他特征。

1）可对 3 个机构，4 个断口同时测试。

2）设置测试序列。

3）可选择采样频率到 50kHz。

　4）3 个模拟/数字传感器通道可同时进行测试。

　5）完整的曲线定制功能（颜色、标尺、缩放）和分析功能。

　6）仪器校验指导功能。

3.2.2.3　SA10 主要技术特征

（1）内置 200A 直流发生器，可直接测量主导电回路的直流电阻。

（2）SA10 可以测量的参数如下：

1）时间：合闸时间、分闸时间、不同期时间。

2）速度：合闸速度、分闸速度。

3）行程：包括超程、弹跳、缓冲。

4）辅助触点时间测量。

5）带合闸电阻断路器的预接入时间和电阻值。

6）主触头接触电阻值。

7）触头插入深度。

8）储能电动机的时间、电流、功率。

9）合分闸线圈的电流、功率、脉冲时间长度。

10）主触头动态电阻。

（3）该设备有合闸曲线及合闸测试数据、分闸曲线及分闸测试数据、"合—分"曲线及其测试数据、"分—合—分"曲线、带合闸电阻的合闸曲线和预介入时间曲线、带合闸电阻的"分—合—分"曲线、合闸电阻预介入时间曲线、储能电动机过程及其测试数据、瞬时速度（加速度）曲线、线圈电压变化曲线等。具有曲线分析功能，纵向（与历史数据）比较和查看功能。图 3－6～图 3－8 分别为断路器合闸曲线、分闸曲线及"合—分"曲线。

（4）SA10 的附件有 TM 打印机，MOM200 静态电阻测试，DRM 动态电阻测试单元。

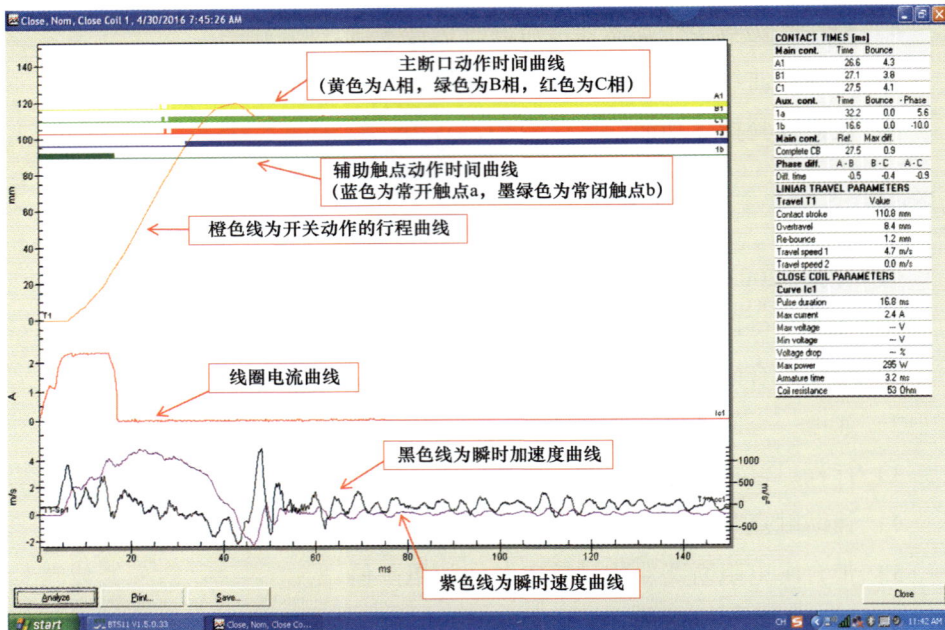

图 3-6 断路器合闸曲线

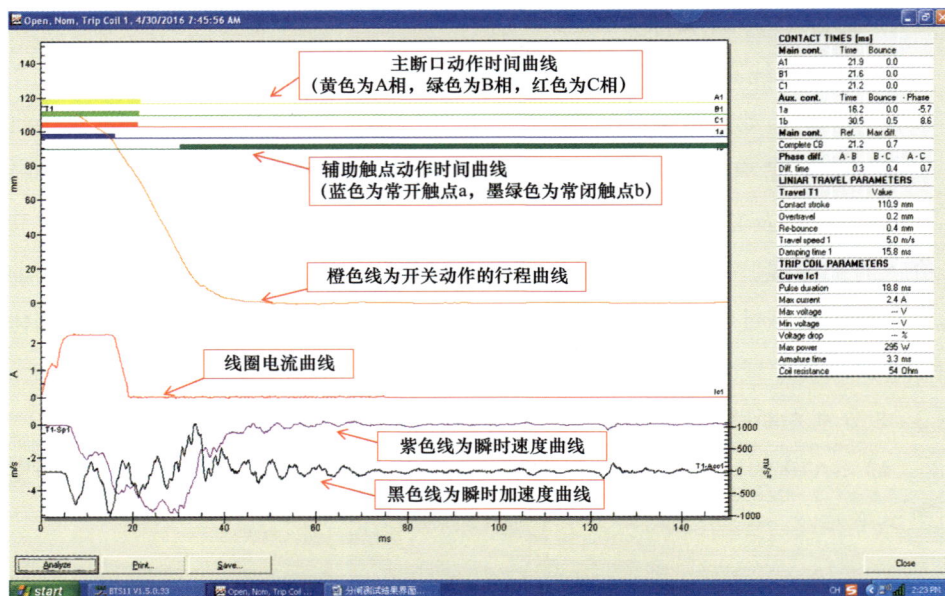

图 3-7 断路器分闸曲线

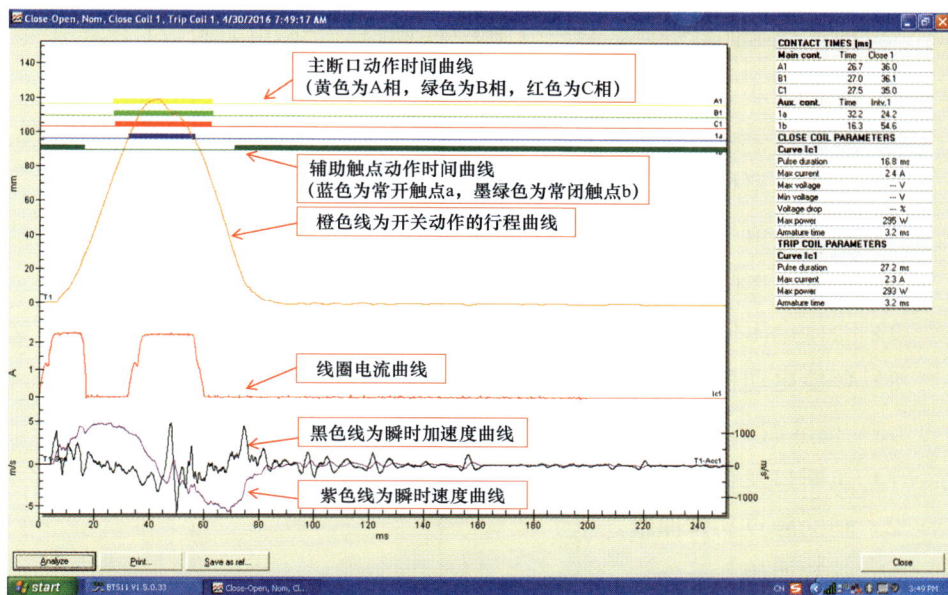

图 3－8　断路器"合一分"曲线

3.2.2.4　SA10 的测试项目及技术参数

（1）标准测试项目。

1）合闸操作。

2）分闸操作。

3）合分操作。

4）分—θ^*—合操作。

5）分—θ^*—合—分操作。

6）主断口电阻测试。

7）DRM 动态电阻测试。

8）合闸电阻测试。

9）缓冲功能测试。

10）储能测试，电动机性能测试。

（2）标准测试结果。

1）时间（合闸、分闸、合—分闸）（主断口、合闸电阻断口）。

2）不同期（主断口，合闸电阻断口）。

3）速度。

4）行程、超程、弹跳、缓冲。

5）线圈峰值电流（线圈衔铁动作时间）。

6）主断口电阻。

7）合闸电阻值。

8）储能电动机电流和时间。

（3）标准测试曲线。

1）主断口及合闸电阻曲线。

2）辅助触点动作曲线。

3）行程曲线。

4）速度曲线、瞬时速度、瞬时加速度曲线。

5）缓冲曲线。

6）线圈电流曲线。

7）DRM 动态电阻曲线。

8）电动机电流曲线。

SA10 主要技术参数如表 3－2 所示。

表 3－2　　　　　　　　　　SA10 主要技术参数

项目	技术参数	
SA10 硬件参数特征	主断口时间通道数量	12
	合闸电阻测量范围（Ω）	50～5000
	辅助触点输入通道数量	6
	时间通道，响应时间（μs）	＜20
传感器（模拟/数字）输入通道数量	数字输入接受接口	RS422
	模拟输入测量范围（V）	0～5
储能电动机测量	储能电动机电流测量范围 DC	0～50A±1%或±0.1A
	储能电动机电流测量范围 AC	0～50A±2%或±0.2A

续表

项目	技术参数	
操作线圈测量	直流电压测量范围	0～300V±1%或±0.1V
	交流电压测量范围	0～300V±2%或±0.2V
	操作线圈输出数量（合闸、分闸）	2
	线圈电流测量范围 DC	0～30A±1%或±0，1A
	线圈电流测量范围 AC	0～30A±2%或±0，2A
	线圈触发时间（μs）	＜20
断口电阻测量（200A）	电阻测量范围（μΩ）	0～1000
	电阻测量精度（μΩ）	±2
	环境温度适用范围（℃）	−20～+50
	尺寸（mm×mm×mm）	458×331×153
	质量（kg）	11.6
电源参数，使用，储存环境	电源输入电压 AC	85～265V，50～60Hz
	内部采样频率（kHz）	≤50

3.2.2.5　SA10 的附加功能

（1）生成目标测试序列和检查项目清单。

（2）测试结果比较（与先前数据比较）。

（3）生成和使用 MS Access 和 SQL 数据库。

（4）生成用户自己定制的测试报告。

（5）生成自己定制的转换表（从角度运动到线性运动）。

（6）生成和维护测试目标数据库。

（7）对于已使用过的设备，设置触发和采样状况。

（8）测试仪器和传感器校验指导。

第 4 章

断路器机械特性检测项目及依据

断路器的分/合闸速度、分/合闸时间、分/合闸不同期程度以及线圈的动作电压等,直接影响断路器的切、合性能,并且对继电保护、自动重合闸装置以及系统的稳定带来极大的影响。根据国内运行经验,在断路器事故中,属于机构原因造成的占第一位,故现场对此应予以足够的重视。断路器的机械特性,应符合制造厂的规定,否则须进行检修处理。本章主要针对断路器交接试验与预防性试验,对于断路器型式试验与出厂试验中所涉及的机械特性相关检测项目做简单阐述。

4.1 断路器机械特性检测项目

4.1.1 型式试验

型式试验前,应建立断路器的机械特性,例如记录空载行程曲线。这也可以通过采用特性参数来完成,例如在某一行程处的瞬时速度等。机械特性将作为表征断路器机械性能的参考。此外,机械特性还用来确认用于机械、关合、开断和开合型式试验的不同试品的机械性能。获得该参考的试验称为参考的空载试验,并且根据该试验得到的曲线或其他参数作为参考的机械特性。参考的空载试验可以取自作为独立型式试验一部分的任何适当的空载试验。

应记录下述动作特性：

（1）合闸时间。

（2）分闸时间。

机械特性应在操动机构及辅助和控制回路的额定电源电压、操作用的额定功能压力以及为了试验方便，在开断用的最低功能压力下进行单分操作（O）和单合操作（C）的空载试验来获得。

空载试验中记录的分闸时间和合闸时间应该用作参考的分、合闸时间，这些参考时间的偏差应与制造厂给出的偏差相对应。

4.1.2　出厂试验

对合分闸操作都应进行下述记录：

（1）动作时间测量。

（2）试验时，操作过程中液体消耗量的测量，例如压力差。

应有证据证明机械性能与型式试验使用的试品的机械性能一致。如果出厂机械试验是在分装件上进行的，在现场交接试验结束时，其参考机械行程特性应归算到上述的正确曲线上。

如果在现场进行测量，制造厂应规定出优选的测量程序。如果采用其他测量程序。可能导致测量结果不同且不可能对触头瞬时运动轨迹进行比较。

4.1.3　交接试验

真空断路器与 SF_6 断路器交接试验检测项目如表 4−1 所示。

表 4−1　　　　　　　断路器交接试验检测项目

检测项目	真空断路器	SF_6 断路器
分/合闸时间	✓	✓
分/合闸同期性及配合时间	✓	✓
合闸时触头的弹跳时间	✓	—
分/合闸速度	—	✓

4.1.4 预防性试验

真空断路器与 SF₆ 断路器预防性试验检测项目如表 4-2 所示。

表 4-2   断路器预防性试验检测项目

检测项目	真空断路器	SF₆ 断路器
分/合闸速度	—	✓
分/合闸时间	✓	✓
分/合闸同期性	✓	✓
触头开距	✓	—
合闸时的弹跳过程	✓	—

4.2 真空断路器机械特性检测依据

4.2.1 交接试验

依据 GB 50150—2016《电气装置安装工程 电气设备交接试验标准》，测量真空断路器主触头的分/合闸时间，测量分/合闸的同期性，测量合闸过程中触头接触后的弹跳时间，应符合下列规定：

（1）合闸过程中触头接触后的弹跳时间，40.5kV 以下断路器不应大于 2ms，40.5kV 及以上断路器不应大于 3ms；对于电流 3kA 及以上的 10kV 真空断路器，弹跳时间如不满足小于 2ms，应符合产品技术条件的规定。

（2）测量应在断路器额定操作电压条件下进行。

（3）实测数值应符合产品技术条件的规定。

依据《国家电网公司变电验收管理规定（试行）第 2 分册 断路器验收细则》，断路器机械特性测试应符合下列规定：

（1）应在断路器的额定操作电压、气压或液压下进行。

（2）测量断路器主、辅触头的分/合闸时间，测量分/合闸的同期性，实测数值应符合产品技术条件的规定。

（3）交接试验时应记录设备的机械特性行程曲线，并与出厂时的机械特性行程曲线进行对比，应在参考机械行程特性包络线范围内。

（4）真空断路器合闸弹跳 40.5kV 以下不应大于 2ms，40.5kV 及以上不应大于 3ms，分闸反弹幅度不应超过额定开距的 20%。

4.2.2 预防性试验

依据 DL/T 596—2021《电力设备预防性试验规程》，真空断路器的试验项目、周期和要求如表 4-3 所示。

表 4-3　　　　　真空断路器的试验项目、周期和要求

试验项目	周期	要求	说明
机械特性	（1）A 级检修后； （2）≤6 年； （3）必要时	断路器的合闸时间和分闸时间，分/合闸的同期性，触头开距，合闸时的弹跳时间应合产品技术文件要求，有条件时测行程特性曲线产品技术文件要求	用于投切电容器组的真空断路器试验周期可适当缩短

4.3　SF₆断路器机械特性检测依据

4.3.1 交接试验

依据 GB 50150—2016《电气装置安装工程　电气设备交接试验标准》，测量 SF₆断路器的分/合闸时间，应符合下列规定：

（1）测量断路器的分/合闸时间，应在断路器额定操作电压、气压或液压下进行。

（2）实测数值应符合产品技术条件的规定。

依据 GB 50150—2016《电气装置安装工程　电气设备交接试验标准》，测量 SF₆断路器的分/合闸速度，应符合下列规定：

（1）测量断路器的分/合闸速度，应在断路器额定操作电压、气压或液压

下进行。

（2）实测数值应符合产品技术条件的规定。

（3）现场无条件安装采样装置的断路器，可不进行本试验。

测量断路器主、辅触头三相及同相各断口分/合闸的同期性及配合时间，应符合产品技术条件的规定。

依据《国家电网公司变电验收管理规定（试行）第 2 分册 断路器验收细则》，断路器机械特性测试应符合下列规定：

（1）应在断路器的额定操作电压、气压或液压下进行。

（2）测量断路器主、辅触头的分/合闸时间，测量分/合闸的同期性，实测数值应符合产品技术条件的规定。

（3）交接试验时应记录设备的机械特性行程曲线，并与出厂时的机械特性行程曲线进行对比，应在参考机械行程特性包络线范围内。

4.3.2　预防性试验

依据 DL/T 596—2021《电力设备预防性试验规程》，SF_6 断路器的试验项目、周期和要求如表 4-4 所示。

表 4-4　　　　　　　　　SF$_6$断路器的试验项目、周期和要求

试验项目	周期	要求	说明
断路器的速度特性	大修后	测量方法和测量结果应符合制造厂规定	制造厂无要求时不测
断路器的时间参量	（1）大修后； （2）机构大修后	除制造厂另有规定外，断路器的分/合闸同期性应满足下列要求： （1）相间合闸不同期不大于 5ms； （2）相间分闸不同期不大于 3ms； （3）同相各断口间合闸不同期不大于 3ms； （4）同相各断口分闸不同期不大于 2ms	

第 5 章

断路器停电机械特性检测及诊断

5.1 动作电压检测技术

5.1.1 动作电压检测基本原理及方法

断路器操动机构动作电压检测的目的是检验断路器执行分闸、合闸操作时需要的最低动作电压是否合适。当断路器的最低动作电压太低时，在直流系统绝缘不良，两点高电阻接地的情况下，分闸线圈或接触器线圈两端可能引入一个数值不大的直流电压，进而可能引起断路器误分闸或误合闸；当断路器的最低动作电压太高时，在系统故障条件下，可能因直流母线电压降低而拒绝跳闸。

断路器的动作电压检测是断路器处于空载的情况下，按照规定条件进行各种操作，以验证其机械性能及操作可靠性的试验。断路器的额定操作电压是指操作时加于操动机构线圈端钮上的电压，它不包括与电源连接的导线的压降。额定操作电压有直流 24、48、110、220V，交流 110（100、127）、220、380V。

断路器分/合闸控制典型回路如图 5-1 所示，动作电压现场测试的方法一般是在分/合闸回路两端试加电压直至断路器脱扣动作，动作时的电压为最低动作电压 U_{min}。试加电压的方法有两种：

（1）慢加电压法。带上分/合闸回路负载，利用调压器慢加电压直至断路器动作，记录此时的 U_{min}。

（2）瞬时冲击法。先将直流输出调至一定电压（多为下限 66V）后瞬时加在分/合闸回路两端，如不能动作，再逐步调高电压；如可靠动作，再逐步调低电压，多次调整并瞬时加压，直至断路器恰好能动作，记录此时的 U。

现场检修发现后者所测 U 一般比前者低，结果更为准确，因此推荐现场使用瞬时冲击法。

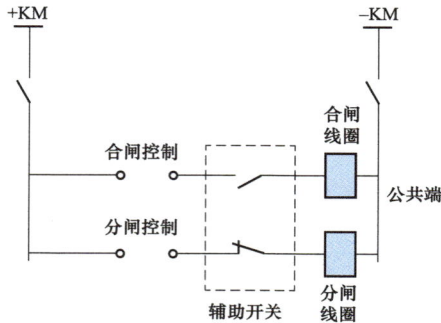

图 5-1　断路器分/合闸控制典型回路

5.1.2　动作电压检测结果分析

高压断路器的操动机构有电磁、弹簧、气动和液压等不同种类，不同操动机构的试验项目也不相同。由于现场实际使用中供给断路器操动机构的电源电压和储能气压或油压，不可能在稳定的额定值；另外其在一定的范围内变化，因此为了保证断路器在电压、气压或油压变化的范围内能正常操作，必须通过试验且满足以下要求：

（1）储能用的电源电压在额定电压的 85%～110%时应可靠储能。液压机构的油压变化范围应符合制造厂的技术规定。

（2）当操作控制电压为交流电压，数值为额定电压的 85%～110%时，断路器应可靠分闸和合闸。当采用直流操作控制，操作控制电压为额定电压的

80%～110%时，断路器应可靠合闸；操作控制电压为额定电压的 65%～110% 时，断路器应可靠分闸；当操作控制电压小于额定电压的 30%时，断路器应不能分闸。

（3）对气动机构，当储能的气体压力为额定压力的 85%～110%时，断路器应可靠分闸和合闸。

（4）试验时应将试验电压源和电压表接至操动机构分/合闸电磁铁或合闸接触器端子上，读取接线端子上的电压，在以上电压限制下反复试验，一般试验 3 次均满足要求后试验通过。

（5）对于电磁操动机构在操作试验时，应当在直流母线额定电压下分/合闸，记录直流目前电压降和断路器直流电源电压降（尤其是合闸时），以检查直流电源容量和电压降是否满足要求。

5.2　分/合闸线圈电流检测技术

5.2.1　概述

断路器的主要组成部分包括操动机构、触头、控制回路及绝缘介质。其中操动机构是根据控制回路发出的指令分断或关合断路器触头。操动机构由多种运动部件组成，各运动部件只有按设计要求工作，才能正确地操作断路器。在目前实际运行情况下，大部分的断路器故障与操动机构故障有关。对于操动机构的检查和维护是保障断路器正确运行的必要条件。

传统方式对操动机构的检修主要依赖检修人员的目测观察以及最低动作电压试验。目测观察在一定程度上能够发现操动机构存在的明显缺陷，如生锈、污垢等。最低动作电压试验本质上是检验操动机构的正确操作所需要的机械功是否能够满足要求，其对于因机械零件磨损、变形、腐蚀、装配不当等影响机构操作不确定性的因素，并不能起到很好的检查效果。而这些不确定性因素与断路器操作失灵有着非常紧密的关联。

对于断路器控制而言，分/合闸电磁铁是电能与机械能的换能元件，处于电气元件与机械零件的交界面。分/合闸回路电流的暂态性是由二次回路及其机械负载共同作用的结果。因此，在分/合闸线圈电流中包含了大量的信息，主要有线圈匝间绝缘状态、电枢的运动状态、分/合闸锁扣的状态、液压机构换向阀的状态、合闸保持挚子的状态、辅助开关的状态等，甚至当断路器的分/合闸时间出现较大变化时，也能在分/合闸线圈电流波形上有所体现。

分/合闸线圈电流波形数据由于其相对重要性和容易获得的特点，在断路器检修中日益得到认可和普及。

5.2.2　分/合闸线圈电流检测基本原理及方法

5.2.2.1　基本工作原理

分/合闸线圈和脱扣装置（或液压换向阀）事实上是一个电磁系统。为了更进一步地对这类系统进行评价，需要对其动力学问题进行分析。

电磁系统的动力学问题主要表现在两个方面：① 电磁参量对作用于动铁芯（armature，E 型电磁铁中的衔铁或螺管型电磁铁中的动铁芯）的电磁吸力的影响；② 电磁吸力和反作用力对运动参数—速度与时间的影响。这两个方面虽有区别，但又紧密地联系着；前者决定了后者，后者反过来又影响前者。在电磁系统的暂态过程中始终处于电能、磁能、机械功的能量动态分配的关系。从测量的角度看，电流、磁通、吸力和铁芯（衔铁）的位移关系也在不断变化和相互作用。

在这个过程的基本方程有以下两种：

（1）电压平衡方程：

$$u = -e + iR = \frac{\mathrm{d}\psi}{\mathrm{d}t} + iR \qquad (5-1)$$

式中　u、i、R、ψ——线圈的电压、电流、电阻和磁链。

（2）达朗贝尔运动方程：

$$F - F_\mathrm{f} = m\frac{\mathrm{d}^2x}{\mathrm{d}t^2} \qquad (5-2)$$

式中　F、F_f ——作用于动铁芯的电磁吸力、反作用力；

　　　　m ——运动部件的归算质量；

　　　　x——动铁芯的位移。

整个电磁系统的动态过程就是由这两个基本方程所决定。基于分/合闸线圈电流波形对电磁系统动态过程的讨论，主要从以下两个方面进行：

（1）电磁系统励磁电流（分/合闸线圈电流）与动铁芯的运动时间、位置的关系。

（2）电磁吸力与动铁芯运动位移关系在电磁系统励磁电流波形上的表现。

线圈电流检测结果分析将在 5.2.3 中进行介绍。

5.2.2.2　分/合闸线圈电流检测方法

目前常见的检测方法以开口电流传感器卡接在分/合闸回路为主，可在断路器运行状态下布置传感器，当设备分闸转入热备状态时，即可检测分闸线圈的健康状态，无须等到进入检修状态。另外，由于不介入设备二次回路，传感器的布置并不影响设备的安全运行。

检测系统结构主要包括前端传感器、信号采集系统、分析软件系统，如图 5-2 所示。

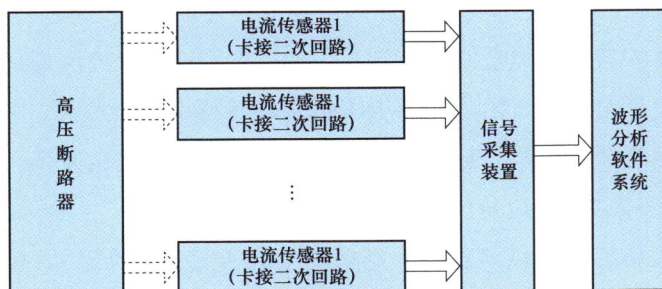

图 5-2　检测系统结构

（1）前端传感器。在对操动机构的状态评价中，分/合闸电磁铁线圈电流是断路器操动机构运行的重要数据。如何在不影响断路器正常运行的情况下，准确地采集到电磁铁线圈电流的运行曲线，是操动机构状态评价的关键。为了避免检测设备对断路器运行的影响，我们必须采用一种不介入断路器原有回路的电流传感器。通过对目前国内外技术的调研，霍尔电流传感器目前是应用最为广泛的技术。

霍尔电流传感器一般由一次侧电路、聚磁环、霍尔器件（二次侧线圈）和放大电路等组成。霍尔电流传感器所依据的工作原理主要是霍尔效应原理。当一次侧导线经过电流传感器时，一次侧电流 I_P 会产生磁力线，一次侧磁力线集中在磁芯气隙周围，内置在磁芯气隙中的霍尔电片可产生和一次侧磁力线成正比的，大小仅为几毫伏的感应电压，通过后续电子电路可把这个微小的信号转变成二次侧电流 I_S，并存在以下关系式：

$$I_S \times N_S = I_P \times N_P \qquad (5-3)$$

式中　　I_S——二次侧电流；

　　　　I_P——一次侧电流；

　　　　N_P——一次侧线圈匝数；

　　　　N_S——二次侧圈匝数；

　　N_P/N_S——匝数比，一般取 $N_P=1$。

霍尔电流传感器分类。霍尔电流传感器可以分为很多种，如果按照原理可以分为开环霍尔电流传感器（open loop hall effect）和闭环霍尔电流传感器（close loop hall effect）。基于开环原理的电流传感器结构简单，可靠性好，过载能力强，体积较小，但也有很多缺点，如温度影响大，精度低，反应时间不够快，频带宽度窄等。而闭环霍尔电流传感器等特点是精度高，响应快，频带宽，但同时也有缺点，即过载能力差，体积较大，工艺比较复杂，同时价格也偏高。开、闭环霍尔电流传感器原理如图 5-3 所示。

霍尔电流传感器可以测量各种类型的电流（交流或直流），按工作方式可分为直放式和磁平衡式：

1）直放式电流传感器。当电流通过一根长导线时，在导线周围将产生一磁场，这一磁场的大小与流过导线的电流成正比，它可以通过磁芯聚集感应到霍尔器件上并使其有一信号输出。这一信号经信号放大器放大后直接输出，一般的额定输出标定为 4V。

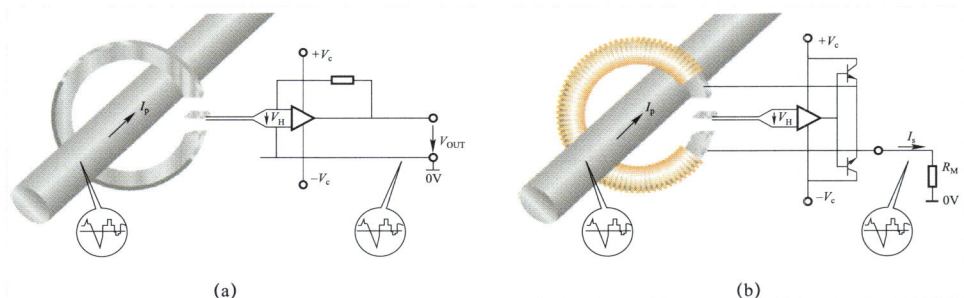

(a)　　　　　　　　　　　　　　　　(b)

图 5−3　开、闭环霍尔电流传感器原理
(a) 开环原理；(b) 闭环原理

2）磁平衡式电流传感器。磁平衡式电流传感器也称补偿式传感器，即主回路被测电流 I_p 在聚磁环处所产生的磁场通过一个次级线圈，电流所产生的磁场进行补偿，从而使霍尔器件处于检测零磁通的工作状态。磁平衡式电流传感器的具体工作过程：当主回路有一电流通过时，在导线上产生的磁场被聚磁环聚集并感应到霍尔器件上，所产生的信号输出用于驱动相应的功率管并使其导通，从而获得一个补偿电流 I_s。这一电流再通过多匝绕组产生磁场，该磁场与被测电流产生的磁场正好相反，因而补偿了原来的磁场，使霍尔器件的输出逐渐减小。当与 I_p 与匝数相乘所产生的磁场相等时，I_s 不再增加，这时的霍尔器件起指示零磁通的作用，此时可以通过 I_s 来平衡。被测电流的任何变化都会破坏这一平衡。

一旦磁场失去平衡，霍尔器件就有信号输出。经功率放大后，立即就有相应的电流流过次级绕组以对失衡的磁场进行补偿。从磁场失衡到再次平衡，所需的时间理论上不到 1μs，这是一个动态平衡的过程。

电流传感器的输出信号。电流传感器的输出信号是二次侧电流 I_S，它与输入信号（一次侧电流 I_P）成正比，I_S 一般小，只有 10～400mA。如果输出电流经过测量电阻 R_M，则可以得到一个与原边电流成正比的大小为几伏的电压输出信号。

电流传感器供电电压 V_A。V_A 指电流传感器的供电电压，它必须在传感器所规定的范围内。超过此范围，传感器不能正常工作或可靠性降低。另外，传感器的供电电压 V_A 又分为正极供电电压 V_{A+} 和负极供电电压 V_{A-}。要注意单相供电的传感器，其供电电压 V_{Amin} 是双相供电电压 V_{Amin} 的 2 倍，所以其测量范围要高于双相供电的传感器。

测量范围 I_{pmax}。测量范围指电流传感器可测量的最大电流值，测量范围一般高于标准额定值 I。

（2）信号采集系统。信号采集系统的设备类型及技术参数如表 5-1 所示，该系统的主要功能是通过对前端电流传感器、以及辅助节点进行数据采集，当检测到电流出现变化或者辅助节点出现状态变化时，将开始变化的最后稳定的数据保存为波形文件。

表 5-1　　　　　　　　信号采集系统的设备类型及技术参数

序号	检测通道	设备类型	主要技术参数
1	操作线圈电流	电流传感器	（1）精度 1%； （2）满量程采样（采样速度 10K，最大值采样电流 10A）
2	储能电机电流	电流传感器	（1）精度 1%； （2）满量程采样（采样速度 500～2K，最大值采样电流 10A）
3	RS485	RS485 总线	（1）波特率：2400～115 200bit/s； （2）可外接 RS485 总线接口设备
4	通信	以太网	（1）100Base-FX 多模 ST 接口； （2）10Base-T/100Base-TX RJ45 接口
5	输出接口	继电器	输出报警
6	断口	/	离线检修使用
7	辅助接点	/	监测断路器分合状态

（3）分析软件系统。分析软件系统是对监测到的波形进行自动分析和管理的软件，该软件对每台断路器建立一个工程，在工程中可以将这台设备所有测试的波形导入（包括分/合闸波形以及储能波形），并根据采集波形设备的传感器以及设备特性将设备参数配置完成。系统将根据设备参数对采集的波形进行整定后进行分析和展示并对特征参数进行分析。

5.2.3　分/合闸线圈电流检测结果分析

5.2.3.1　动作过程中励磁电流与动铁芯的运动时间、位置的关系分析

线圈电流随时间变化的波形如图 5-4 所示。

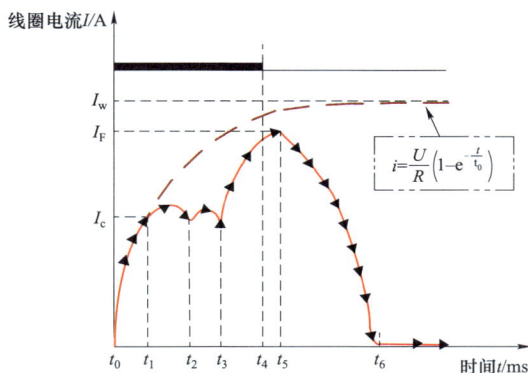

图 5-4　线圈电流随时间变化典型波形

（1）触动阶段（$t_0 \sim t_1$ 时刻）。设备发出分/合闸命令后，线圈两端上电，此时记为 t_0 时刻。线圈上电后，电磁系统开始产生吸力，但尚未克服阻力（动铁芯复位弹簧拉力、重力或摩擦力），所以并不立刻启动。由于存在与电源电压方向相反的自感电动势，线圈电流不能线性上升，此时线圈感为一常数，电流按指数规律上升，符合公式 $i = \dfrac{U}{R}\left(1 - \mathrm{e}^{-\frac{t}{t_0}}\right)$。当电流增加到一定值时，电磁吸力大到足以克服复位弹簧弹力和铁芯自身重力之和时，动铁芯进入受力平衡状态，此时记为 t_1 时刻。

在实际工作中，由于电磁铁品质的原因，很多型号线圈电流中 t_1 的计算提取计算非常复杂，靠检修人员观察波形更是存在一定的难度。因此，为了便于检修人员分辨，通常将第一个波峰的峰值时刻 t_1' 作为 t_1。

（2）吸合运动阶段（$t_1 \sim t_3$ 时刻）。随着吸力的进一步增加，动铁芯开始运动，速度逐渐增加，电磁铁气隙逐渐减小。由于动铁芯运动产生了反电动势，

进一步地抑制了分/合闸线圈电流，从波形上看线圈电流开始快速下降，直至到达 t_2 时刻。

t_2 时刻动铁芯运动到达与脱扣器接触的位置，此时由于阻力的影响，动铁芯的加速度开始下降，同时线圈电流开始上升，直至打开锁扣后继续加速运动，直至到达完全吸合位置，此时记为 t_3 时刻。在锁扣打开后，断路器传动机构开始运动并带动动触头产生位移。

（3）吸合静止阶段（$t_3 \sim t_5$ 时刻）。从 t_3 时刻开始，动铁芯达到了最大行程并保持在此位置。此时的电感为另一常数，电流按指数规律上升，符合

$$i = \frac{U}{R}\left(1 - \mathrm{e}^{-\frac{t}{t_1}}\right) 。$$

t_4 表示断路器动触头分/合闸完成时刻。$t_0 \sim t_4$ 实际上就是断路器的固有分/合闸时间，其具体值在带电条件下目前暂时无法测定，需通过检修状态下的机械特性测试获得。

t_5 表示断路器辅助开关断开时刻。此时断路器辅助开关节点断开，切断分/合闸控制回路。

（4）退出阶段（$t_5 \sim t_6$ 时刻）。从 t_5 时刻开始，线圈处于失电状态。但由于线圈中存在剩余磁能，所以在回路中仍然会有短时电流存在，直至线圈中的剩余磁能泄放完毕。当剩余磁能产生的吸力小于动铁芯复位弹簧拉力时，动铁芯开始释放，直至回到初始位置。

5.2.3.2　电磁吸力与动铁芯运动位移的关系以及在电流波形上的表现

目前断路器触发装置中常用的电磁系统形式上分为两类，电磁吸力特性曲线和励磁电流特性曲线如图 5-5 所示。

依靠电磁铁的吸力设计大于脱扣反力解除锁扣，常见于 110kV 及以上电压等级的电磁铁设计。由于电磁铁吸力始终大于脱扣反力，在励磁电流波形上通常只会出现两个波峰，而无法看到明显的 t_2 时刻。

依靠电磁铁吸力做功在动铁芯累积的动能解除锁扣，常见于 110kV 以下电压等级的电磁铁设计。在此类情况中，电磁铁吸力并不是始终大于脱扣反力

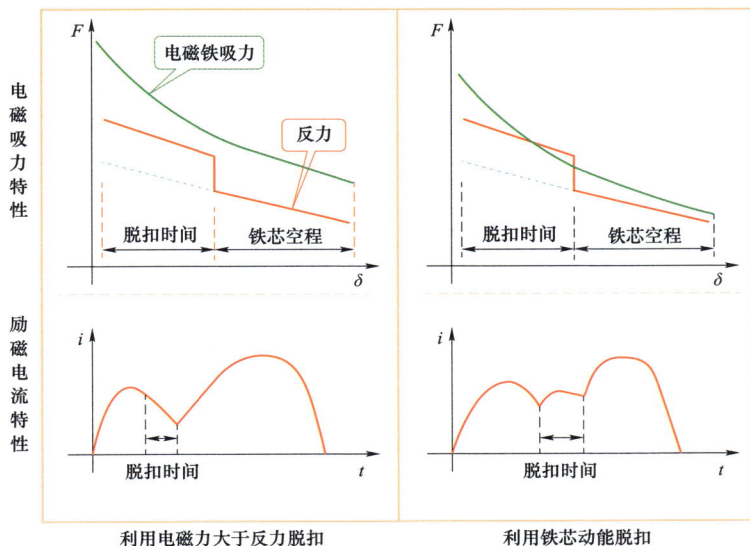

电
磁
吸
力
特
性

励
磁
电
流
特
性

图 5-5　电磁吸力特性曲线和励磁电流特性曲线

的，只要保证铁芯动能大于打开锁扣所需的机械功即可。同时，励磁电流会产生 3 个波峰，能够看到明显的 t_2 时刻。

当 $t_1 \sim t_2$ 时间内操作电流波形有明显的抖动时，即显示电磁铁铁芯有卡涩现象，可能是铁芯经过多次动作后由于弯曲变形导致运动不畅，严重时会导致电磁铁线圈烧毁或断路器拒动，造成停电事故；当 $t_2 \sim t_3$ 时间内操作电流波形有明显的抖动时，表明电磁铁的下级传动机构或脱扣器有机构缺陷；如到 t_5 时刻后仍有电流，则意味着断路器辅助开关没有转换过来或转换不到位，容易导致分/合闸线圈烧毁或断路器的误动。

5.3　时间特性检测技术

5.3.1　时间特性检测基本原理及方法

高压断路器测试仪最基本的一项功能就是测量断路器或隔离开关主触头的合、分闸时间和真空断路器的弹跳时间。有时会进一步测量分合分（重合闸）

中的合分时间、合闸电阻预插入时间（合闸电阻投入时间）、主触头和二次辅助触头的配合时间等。

5.3.1.1 普通金属触头测量

图5-6所示为普通金属触头断路器时间特性测量原理。断路器分闸状态时 K_1 断开，光耦不导通，计算机采集到的主触头状态为"1"。断路器合闸状态时，K_1 闭合，光耦导通，计算机采集到的主触头状态为"0"。测试仪通过采集到主触头状态的变化就可以测量出断路器的合、分闸时间。

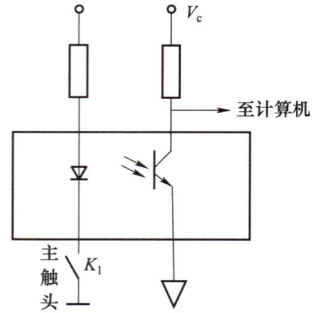

图 5-6 断路器时间特性
测量原理

5.3.1.2 带有合闸电阻主触头测量

带有合闸电阻的主触头有两种方式，如图 5-7 所示，合闸电阻触头与主触头并联、合闸电阻触头与主触头串联。以合闸过程为例，行程曲线如图 5-8 所示，并联型接线方式时合闸电阻触头先于（10ms 左右）主触头闭合。串联型接线方式时主触头先于（10ms 左右）合闸电阻触头闭合。

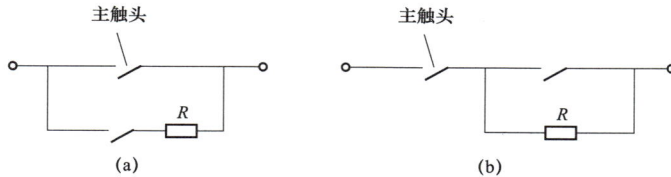

图 5-7 带有合闸电阻主触头结构
（a）并联型；（b）串联型

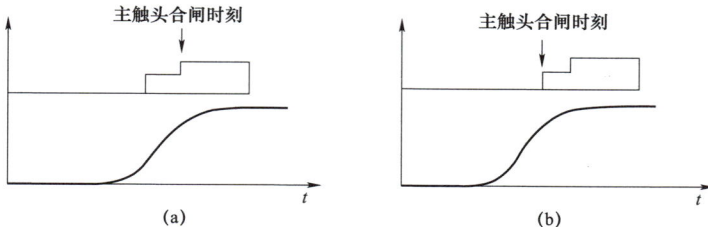

图 5-8 合闸行程曲线
（a）并联型；（b）串联型

　　无论断路器制造厂采用哪种方式,对于一次系统来说都表现为先经合闸电阻接通电路再完全短路接通。下面以合闸电阻触头并联于主触头方式说明测量原理,如图 5 - 9 所示,断路器分闸状态时,标准电阻 R_1 无电流,A/D 转换值为 0,当合闸电阻触头闭合时,通过计算 R_1 上的电流值可测量出合闸电阻值。当主触头闭合时 R_1 中电流最大,A/D 转换值最大。通过这些 A/D 值变化可计算出合闸电阻值、预插入时间(合闸电阻投入时间)、合、分闸时间。

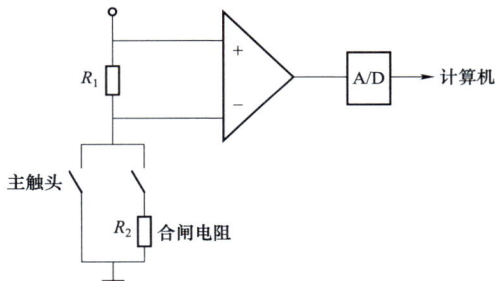

图 5 - 9　合闸电阻触头并联于主触头方式的测量原理

5.3.1.3　石墨触头测量

　　石墨触头断路器分闸动作过程如图 5 - 10 所示,主要包括以下 5 个过程:

(1)断路器合闸状态,金属接触。

(2)动触头管直接滑过金属管与石墨喷口的交界处。

(3)动触头管直接滑过石墨喷口。

(4)断路器刚分,在石墨触头环和石墨喷口之间有些接触是可能的。

(5)断路器分开,SF_6 气体被压入喷口,熄灭电弧。

　　石墨在低电压下为不良导体,但在碰撞压力下又可能导通,因此按普通金属触头测量该型断路器的分/合闸时间不准,造成误判断。具体测量原理如图 5 - 11 所示。

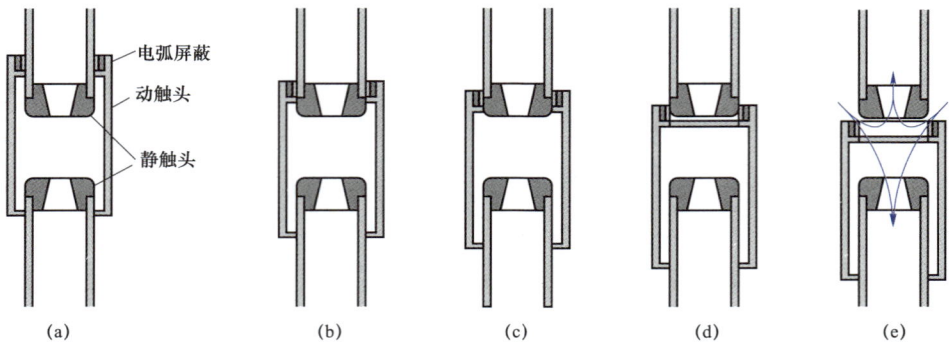

图 5－10　石墨触头断路器分闸动作过程

（a）触头在合闸位置；（b）压气过程 1；（c）压气过程 2；（d）压气过程 3；（e）吹弧情况

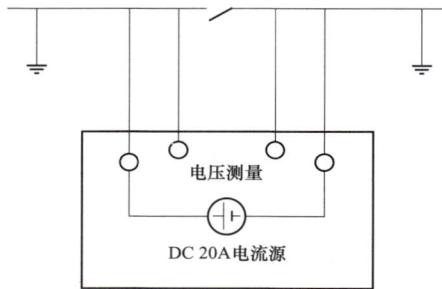

图 5－11　石墨触头测量原理

　　以合闸过程为例，将 DC 20A 恒流源与断路器的主触头构成回路，电压采样分析通道并联主触头两端，合闸中石墨触头接触时恒流源可能通也可能不通，但其后动静触头金属部分接触，电流通道产生恒定的 20A 直流电流是肯定的，电压通道采样到的电压为电流的主回路接触电阻（＜100μΩ）压降（＜2mV）。据此电压突变（设定采样电压为 10mV）判断触头金属部分接触，

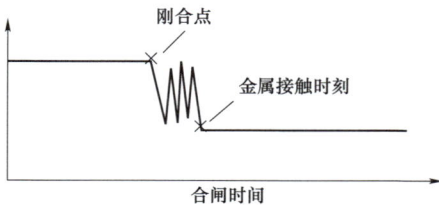

图 5－12　合闸过程中电压测量结果

再按石墨触头的长度与所测的合闸速度（若不装传感器可按额定合闸速度）计算出合闸中石墨触头运动所需时间，从触头金属部分接触的合闸时间中减去，所得即为实际合闸时间。合闸过程中电压测量结果如图 5－12 所示。分闸

测试原理相同。

由此，测石墨触头开关时，是测量出金属接触时刻根据石墨触头长度和速度推出石墨触头的刚合、刚分点。

5.3.1.4　两端接地状态下测试

（1）传感器法。此方法主要针对 GIS 断路器。传感器法测量原理如图 5-13 所示，通过在接地开关处施加一个高频电压，断路器和接地开关回路为高频变压器二次侧，匝数为 1 匝。回路里有一个电流检测器。当断路器触头闭合时，回路里有电流；触头断开时，回路里无电流，即可通过检测电流，计算 GIS 断路器开断、关合的时间特性。

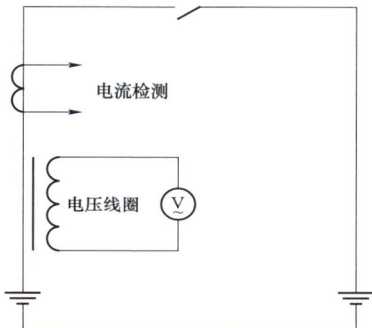

图 5-13　传感器法测量原理

图 5-14 所示为传感器法进行测试所用的电压、电流传感器的实物图；图 5-15 所示为传感器法现场安装实例。

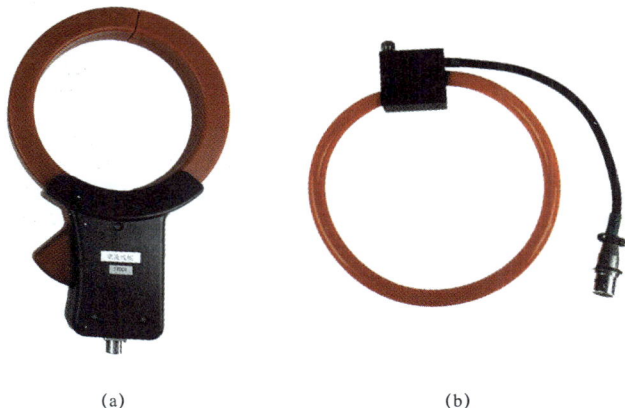

(a)　　　　　　　　　　(b)

图 5-14　传感器法测量所用的电压、电流传感器实物图
(a) 电压传感器；(b) 柔性电流传感器

81

（2）交流电压法。此方法主要针对户外敞开式断路器。交流电压法测量原理如图 5-16 所示，将测试线接至断路器两侧，触头闭合时电阻为微欧级；触头断开时，电阻为毫欧或欧级。因此可判断触头状态。交流电压法现场测试实例如图 5-17 所示。

图 5-15　传感器法现场安装实例

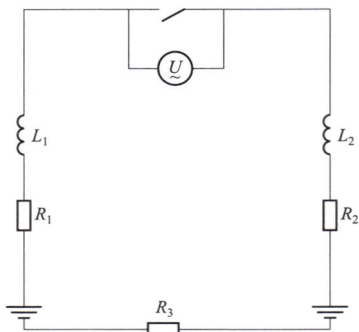

图 5-16　交流电压法测量原理

图 5-17　交流电压法现场检测实例

5.3.2　时间特性检测结果分析

高压断路器的分/合闸时间应满足制造厂的规定。除制造厂另有规定外，断路器的分/合闸同期性应满足下列要求：

（1）相间合闸不同期不大于 5ms。

（2）相间分闸不同期不大于 3ms。

（3）同相各断口合闸不同期不大于 3ms。

（4）同相各断口分闸不同期不大于 2ms。

5.4　行程—时间特性检测技术

5.4.1　行程—时间特性检测原理

由于断路器动触头做直线运动，因此，可以安装一个与动触头一起运动的附加件，当动触头做分/合操作时，该附加件随连杆做直线运动，通过光电传感器，将连续变化的位移量变成一系列电脉冲信号。记录该脉冲的个数，就可以实现动触头全行程参数的测量；同时，记录每一个电脉冲产生的时刻值，将位移同时间相除，就可计算出动触头运动过程中的最大速度和平均速度。目前测量断路器的行程—时间特性，多采用光电式位移传感器与相应的测量电路配合进行，常用的有增量式旋转光电编码器或直线光电编码器。利用分/合闸操作过程中动触头的行程—时间曲线，可算出动触头分/合闸操作的运动时间、动触头行程、动触头运动的平均速度和最大速度等参数。并且通过对两相信号的计数等，得到转轴转动的角位移的正负，从而可以测得断路器触头运动的反弹情况。

5.4.2　行程—时间特性检测方法

基于滑线变阻器也叫直线位移传感器进行行程—时间特性检测是目前广泛采取的一种手段，其主触头位移测试的基本原理如图 5 – 18 所示。

测试时，根据断路器的总行程的长度，选配一根适当长度，线性度良好的滑线变阻器，一端接地，另一端接电源，中间滑动端直接坚固地连接到断路器动触头（或提升杆）上，随动触头的运动而滑动，变阻器滑片采样变动的电压值，经 A/D 转换后输入到计算机采样，进行数据处理，绘制成电压—时间（即是行程—时间）特性曲线，并经计算机处理得出试验结果。如 LT－150 型直线位移传感器内阻为 10kΩ，最大可测量位移量为 150mm，工作电压≤42V，可响应最高速度达 10m/s。

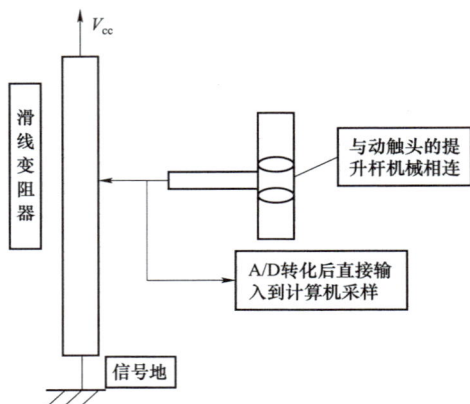

图 5－18　采用滑线变阻器的主触头位移测试基本原理

这是目前使用较广的一种检测方法，很直观，计算机可直接读取结果，也可对行程—时间曲线进行分析，计算断路器操动机构速度特性相关参量，缺点是需要针对不同的断路器制作不同的安装支架，并且需要有经验丰富的技师在现场安装使用。直线位移传感器如图 5－19 所示。

图 5－19　直线位移传感器

使用直线位移传感器时的注意事项如下几个方面：

（1）供电电源容量要足够，电压要稳定。

（2）需要有防止电磁干扰的相关措施。

（3）三根线不能接错。

（4）安装时传感器与动触头的对中性要好。

5.4.3　行程—时间特性检测结果分析

操动机构分/合闸触头典型的行程—时间曲线如图 5-20 所示。

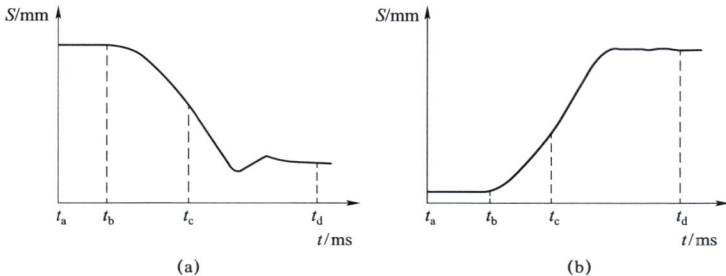

图 5-20　操动机构的分/合闸触头典型的行程—时间曲线
（a）分闸；（b）合闸

（1）阶段 1（$t_a \sim t_b$）。t_a 时刻，发出分/合闸命令，电磁系统动作，t_b 时刻撞杆撞击触发器，动触头动作，这一阶段为动触头的固有动作时间，电磁铁配合间隙、分/合闸线圈电压、回路电阻及铁芯卡涩故障将反映在固有动作时间上。

（2）阶段 2（$t_b \sim t_c$）。t_c 时刻，断路器刚分或刚合。此阶段为动触头的运动过程，通过动触头的速度情况反映储能机构情况与传动机构卡涩情况，主要影响因素为传动部件、储能输出（液压、气压不足，弹簧疲劳等）或本体等故障。

（3）阶段 3（$t_c \sim t_d$）。t_d 时刻，动触头分闸或合闸完成，停止运动。此阶段反映了动触头的弹跳情况。

行程—时间曲线中固有动作时间 $t_a \sim t_b$ 与阶段 2 的平均速度 v 是反映断路器操动机构状态的 2 个重要特征参数，可用来判断电磁系统、传动机构故障情况。

5.5　速度特性检测技术

5.5.1　速度特性检测原理及方法

5.5.1.1　真空断路器速度特性的测试

　　真空断路器速度特性测试接线原理如图 5-21 所示，这是采用仪器直接测试的方法。图 5-21 中采样器是测试仪配带的 1 个附件，实际为 1 个带架的弹簧触点，所以也叫辅助触点。首先需要将采样器安装在断路器的固定架上，要求能使采样器上的弹簧探头与动触头（或其联动的金属件）接触，并调节其弹簧压力使之刚好接触；然后用导线将弹簧探头与测试器面板上的外触发端连接，将断路器动静触头按图 5-21 连接。测试合闸速度时，当采样器探头与动触头分离的瞬间，测试仪开始计时，动静触头接触时停止计时；同理，测试分闸速度时，当动静触头分离的瞬间，测试仪开始计时，采集器弹簧探头与动触头接触时停止计时。仪器可自动计算并显示速度值，因为测试需要预先设置开距，所以计算结果只能是平均速度。这种测速方法一般只能在断路器解体条件下才能进行。

5.5.1.2　光栅尺测速

　　测试基本原理是在一根钢尺上打上很多间隔 1mm 宽度为 1mm 的光栅孔，光栅尺与动触头的提升杆机械相连，光栅尺随动触头在光电对管中运动，光电对管在有光栅孔位置时呈导通状态，在无孔位置时因光信号隔断呈截止状态。将光电光对管导通和截止的一系列方波信号输入到计算机进行处理，较容易计算出光栅（即动触头）的运动速度。

　　这种方法的优点是计算机直接参与了测试与运算，准确度较高。

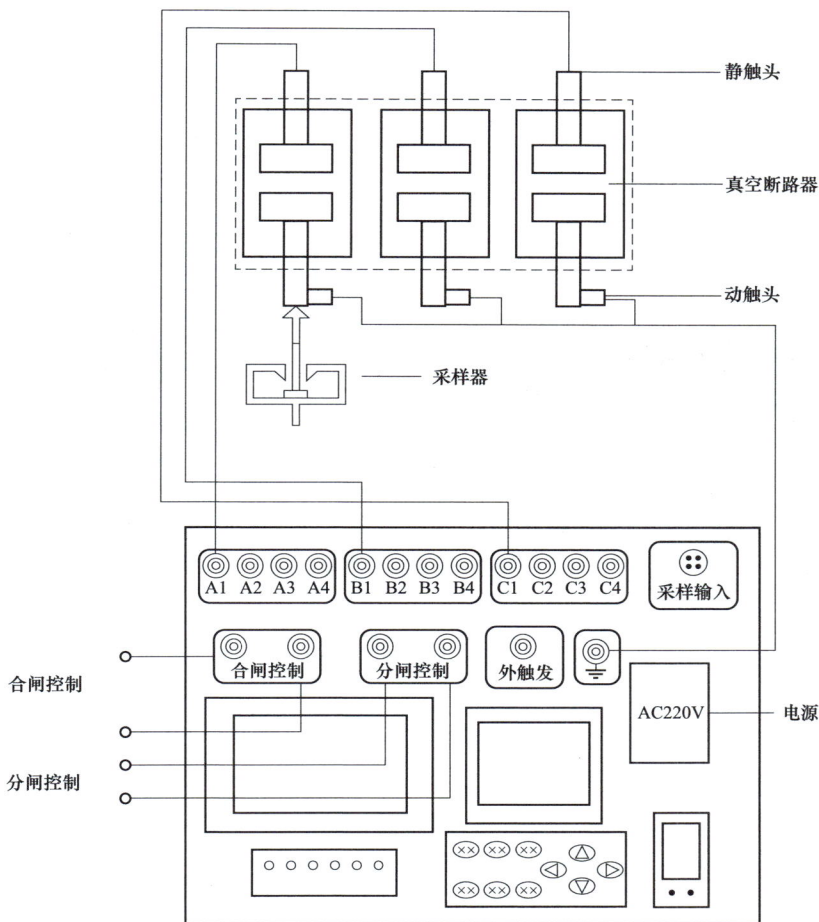

图 5－21　真空断路器速度特性测试接线原理图

5.5.1.3　采用角位移传感器测速

　　要测量断路器的合闸、分闸速度，必须要在断路器上找到与动触头保持一致位移或有比例关系的直线传动的合适部位安装直线传感器，而往往有许多断路器偏偏就不具备这个条件，测速成为难题。因此，有些开关设备制造厂采用在动触头传动杆的旋转轴上安装角位移传感器的方法来测速，也可以相应地绘制出行程—时间曲线。

角位移传感器也叫旋转传感器，如图 5-22 所示。它分为两种，一种是旋转光电编码器，其原理同光栅尺测速；另一种是旋转变阻器，也叫角度传感器基本原理与滑线变阻器相同。旋转传感器现场安装测量方式如图 5-23 所示。

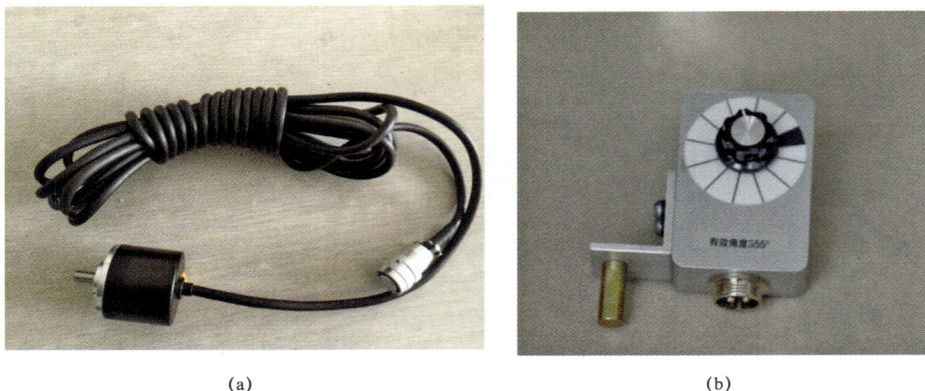

(a)   (b)

图 5-22　旋转传感器

（a）旋转光电编码器；（b）旋转变阻器

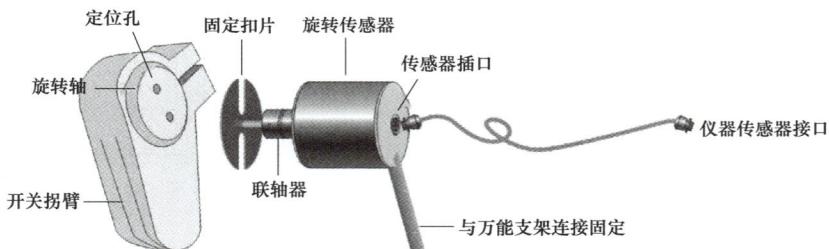

图 5-23　旋转传感器现场安装测量方式

旋转光电编码器的测量原理与光栅传感器基本相同，其测量精度高，不受干扰。测量速度时，用计算机记录并计算出两个脉冲信号的时间间隔，根据所采样的脉冲的总个数可以计算出断路器动触头的速度。采用角位移传感器测量断路器速度特性的接线示意图如图 5-24 所示。

图 5－24　采用角位移传感器测量断路器速度特性的接线示意图

5.5.1.4　采用加速度传感器测速

加速度传感器也叫万能传感器，它采集的是动触头运动时的加速度信号，需对其进行一系列数学换算，才能得到所需的行程—时间特性曲线。采用加速度传感器测速的数学变换原理框图如图 5－25 所示。

加速度传感器需要安装在断路器操动机构的提升杆或水平拉杆上。采用加速度传感器测速的优点主要表现在现场安装方便，只有运动部分、无静止部分，安装和拆卸都很方便，适用于各种类型的断路器。但是，因为其数学换算较复杂，很多人对它并不放心，所以实际应用不多。

图 5－25　采用加速度传感器测速的数学变换原理框图

5.5.2　速度特性检测结果分析

计算机测量得到时间—行程曲线后，根据开关厂速度定义，可以进行速度分析得到相对应的合/分闸速度，以下以刚合/分前 10ms 的平均速度计算为例进行说明。

某断路器合闸现场试验曲线如图 5－26 所示，其中 B 点坐标（84.5ms、200.0mm）为断路器刚合点，断路器的刚合速度定义为刚合前 10ms 的平均速度。依据定义，将行程曲线上的 B 点往左移ΔT为 10ms，得到 A 点坐标（74.57ms、168.0mm），A、B 两点的纵坐标差值ΔS为 36.5mm 左右，A、B 两点即为合闸速度的两个定义点：

合闸速度 $V = \Delta S/\Delta T = 32.0mm/10ms = 3.20m/s$。

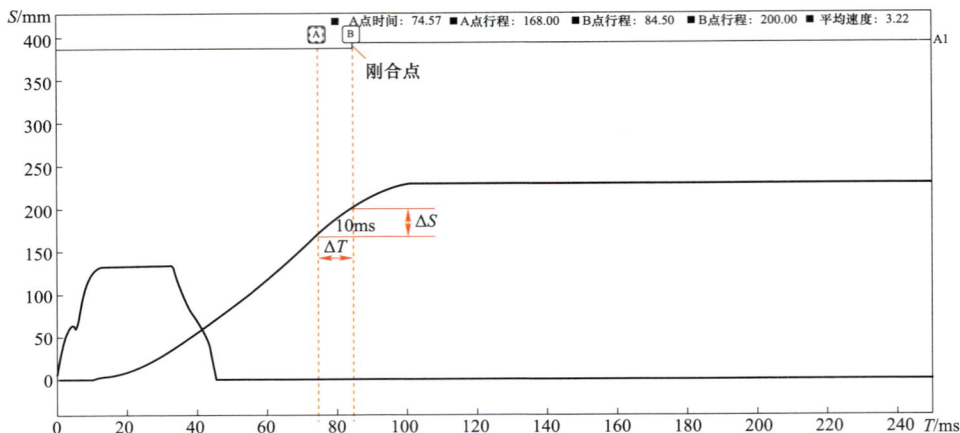

图 5-26　断路器合闸现场试验曲线

图 5-27 为某断路器分闸现场试验曲线，其中 A 点坐标（15.67ms、203.8mm）为断路器刚分点，断路器的刚分速度定义为刚分 10ms 的平均速度。依据定义，将行程曲线上的 A 点往右移 10ms，得到 B 点坐标（25.53ms、119.2mm），A、B 两点的纵坐标差值 ΔS 为 mm 左右，得到 B 点，A、B 两点即为刚分速度的两个定义点：

刚分速度 $V = \Delta S/\Delta T = 84.6mm/10ms = 8.46m/s$。

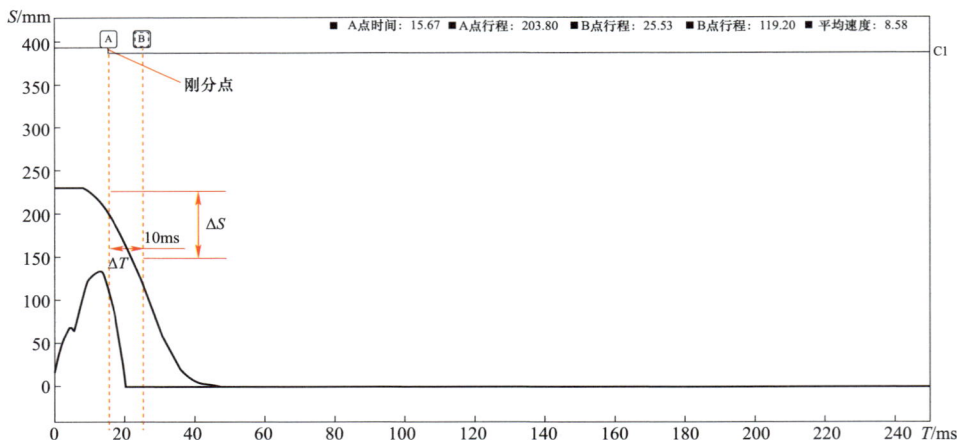

图 5-27　断路器分闸现场试验曲线

　　测试结果应与生产厂家规定的速度范围相符,部分型号断路器参考速度定义及范围参考如表 5-2 所示,数据仅供参考,以断路器生产厂家为准。

表 5-2　　　　　　　　部分型号断路器参考速度定义及范围参考

型号	速度定义	行程（mm）	合闸速度（m/s）	分闸速度（m/s）
LW25-126	行程 10%至断口	150	1.7~2.4	4.1~4.8
LW25-252（CT20 机构）	行程 20%至断口	230	2.8~3.8	6.7~7.4
LW25-252（CYA3 机构）	行程 10%至断口	205	3.2~4.2	7.1~8.1
LW25-363	行程 10%至断口	230	3.2~4.2	7.1~8.1
LW13-550	行程 10%至断口	180	3.2~4.2	7.1~8.1
LW14-252	行程 10%至断口	230	3.2~4.2	7.1~8.1
LW23-252	行程 10%至断口	180	2.9~3.9	7.8~8.7
LW15-550	行程 10%至断口	230	3.6~4	9.3~10.3
LW15-252	行程 10%至断口	230	3.8~4.3	9~10
LW15-363	行程 10%至断口	230	3.6~4	9.3~10.3
LW35-126	合前 10ms 分后 10ms	150±4	2.5~3.1	3.6~4.6
LW10B-252	合前 40mm 分后 90mm	200±1	4.1~5.1	8~10
LW10B-550	合前 40mm 分后 100mm	200	3.9~4.9	7.4~9
LW6	合前 36mm 分后 72mm	150	3.4~4.6	5.5~7
LW8-35	合前 16mm 分后 32mm	95	3.0~3.4	3.2~3.6
LW16	合前、分后 10ms	65	≥2	2.2~2.6
LW11-126（31.5KA）	行程 10%~90%间平均速度	160	1.6~2.8	5.8~7.4
LW11-126	行程 10%~90%间平均速度	160	1.6~2.8	6.1~8.1
LW11-220	行程 10%~90%间平均速度	200	8.5~10.5	2~3
LW33-126	合前 50mm 至合后 20mm 间平均速度分前 20mm 至分后 50mm 间平均速度	150	4.1~5.3	2.1~2.9

续表

型号	速度定义	行程（mm）	合闸速度（m/s）	分闸速度（m/s）
LW12－500	行程10%～90%间平均速度	200	1.4～2.6	8.2～9.8
LW56－550	合闸速度：行程105～145mm 分闸速度：行程14～40mm	200	4.1～5.0	9～9.7
LW9	合前10ms 分后10ms	150		
LW36－126	合前10ms 分后10ms	120	3～4	4.4～5
LW36－40.5	合前分后10ms	80	2.3±0.2	2.7±0.2
LW30－126	行程40%至断口	120	1.7～2.3	4～5
LW29－126	合前50mm至合后20mm间平均速度分前20mm至分后50mm间平均速度	145	1.8～2.8	5～6
OHB	合前、分后110ms内平均速度	$K=1.066$	2.4～3.3	2.0～2.8
LTB72.5－245E1	合前、分后10ms内平均速度	160/210		
3AP110	合前、分后10ms内平均速度	120	3.5～4.5	4～5
3AP252	合前、分后10ms内平均速度	225		
LW53－252	合闸速度：行程110～150mm 分闸速度：行程150～105mm	200（液压） 205（ABB）		
ZN12－12（Ⅰ、Ⅱ、Ⅲ、Ⅳ）	合前、分后6mm内平均速度	开距11±1	0.6～1.1	1.0～1.4
ZN12－12（Ⅴ、Ⅵ、Ⅶ、Ⅷ、Ⅸ、Ⅹ）	合前、分后6mm内平均速度	开距11±1	0.8～1.3	1.0～1.8
ZN65－10	合闸速度测全程，分闸速度为分后6mm内平均速度	开距11±1	0.4～0.8	1.1～1.5
ZN65A－12/T（4000－63）	合前、分后6mm内平均速度	开距11±1	0.8～1.3	1.0～1.8
VS1	合前、分后6mm内平均速度	开距11±1 超程3.5±1	0.5～0.8	0.9～1.2
ZW7	合闸测全程， 分闸测分后12mm	22±2		
ZW8	合、分测全程	11±1		

续表

型号	速度定义	行程（mm）	合闸速度（m/s）	分闸速度（m/s）
ZN28A–12	合前、分后 6mm 内平均速度	开距 11±1	0.4～0.8	0.7～1.3
ZN63A–12	合前、分后 6mm 内平均速度	开距 11±1	0.55～0.8	0.9～1.2
GL312（145KV）	合前 7ms、分后 7ms	150	3.1～4.1	5.9～6.9
GL314	合前 10ms、分后 10ms	180		
GL317	合前 10ms、分后 10ms	135		
SN10	合前、分后 10ms 内平均速度	157	≥4	3～3.3
SW2–35（1000A）	合前、分后 10ms 内平均速度	310	2.9～3.5	2.8～3.4
SW2–35（Ⅰ、Ⅱ）	合前、分后 10ms 内平均速度	310	3.2～4.4	3.5～4.5
SW2–35（Ⅲ）	合前、分后 10ms 内平均速度	315	3.4～4.6	3.5～4.5
SW2–35（Ⅳ、Ⅴ）	合前、分后 10ms 内平均速度	315	3.4～4.6	4～4.8
SW2–110 Ⅰ	合闸点前后、分闸点前后各 5ms 内速度	390	4.5～5.7	6～7
SW2–110 Ⅱ	合闸点前后、分闸点前后各 5ms 内速度	390	2.5～3.5	4.2～5.6
SW2–110 Ⅲ	合闸点前后、分闸点前后各 5ms 内速度	390	4.4～5.6	7～8.2
SW2–220（Ⅰ、Ⅱ、Ⅲ）	合闸点前后、分闸点前后各 5ms 内速度	390	4～5.6	5.9～7.1
SW2–220（Ⅳ）	合闸点前后、分闸点前后各 5ms 内速度	390	4.4～5.6	7～8.2
SW3–110	合闸点前后、分闸点前后各 5ms 内速度	390	≥2.9	4.7～5.5
SW6	合闸点前后、分闸点前后各 5ms 内速度	390	2.9～4.4	4.9～5.4

型号	速度定义	行程（mm）	合闸速度（m/s）	分闸速度（m/s）
SW6－110Ⅰ	合闸点前后、分闸点前后各 5ms 内速度	390	2.9～4.4	7.5～9
SW7－110	合闸点前、分闸点后 10ms 内速度	600	5.5～7.5	6～8
SW7－110Z	合闸点前、分闸点后 10ms 内速度	600	4.5～6	10～12
DW2－35	合闸点前后、分闸点前后各 5ms 内速度	168	≥2.5	1.9～2.5
DW8－35	合闸点前、分闸点后 10ms 内速度	197	2.6～3.6	≥2.4
ZF11－252	合前分后 10ms	220		10±1
FP4025D	合闸：半程前 10ms 内平均速度；分闸：半程后 10ms 内平均速度	78～80	≥1.5	2.2～2.8

第6章

断路器机械特性在线监测及评价

6.1 断路器机械特性在线监测概述

目前，我国电气设备的检修试验工作主要是按照 DL/T 596—2021《电气设备预防性试验规程》的要求定期进行预防性试验，根据试验的结果来判断设备的运行状态，从而确定是否可以继续运行。长期以来，坚持预防性试验对我国电力系统的安全运行起到了很大的作用。但随着电力系统的大容量化、高压化和结构复杂化以及工农业生产的发展和用电部门重要性的提高，对电力系统安全可靠性指标的要求也越来越高，这种传统的试验与诊断方法已越来越不适应需要。据统计，10%的断路器故障是由于不正确的检修所导致，断路器的检修完全解体，既费时，费用也很高，可达整个断路器费用的 1/3～1/2，而且解体和重新装配会引起很多缺陷，由此产生的事故例子更是不胜枚举。统计表明，变电站一半以上的维护费用是用在断路器上，而其中 6%又是用于断路器的小修和例行检修上。目前对于断路器的哪些部件（或重要组件）运行多长时间需要更换，仍是一个争议的问题，事实上在目前比较保守的计划检修中，时常发生许多部件运行很多年后更新时仍保持性能良好的情况，而由于没有及时发现某一部件出现缺陷而导致电网事故的情况也时有发生。因此，如果能够了解设备的状态，减少过早或不必要的停电试验和检修，做到应修则修，就可以显著提高电力系统的可靠性和经济性。

断路器状态监测为实现由计划检修到状态检修的转变创造了条件。长期以来的计划检修、盲目解体拆卸，浪费了大量的人力、物力和财力，同时也造成了停电损失和设备寿命的降低。目前，电力系统各个运行单位正致力于高压断路器由计划检修到状态检修的转变，不再以投入年限和动作次数作为衡量标准，而是以设备的实际状态为维修依据。近年来，人们已经发现，依靠设备的在线监测与诊断技术，实现设备的状态检修，可以达到电力系统的下述要求：

（1）产品的质量问题使运行可靠性受到影响，采用在线监测可以在运行中及时发现发展中的事故隐患，防患于未然。

（2）逐步采用在线监测代替停电试验，减少设备停电时间，节约试验费用。

（3）对老化设备或已知有缺陷、有隐患的设备，用在线监测随时监视其运行情况，一旦发现问题及时退出，最大限度地利用其剩余寿命。

随着传感技术、微电子、计算机软硬件和数字信号处理技术、人工神经网络、专家系统、模糊集理论等综合智能系统在状态监测及故障诊断中的应用，使对电气设备的运行状态进行在线监测成为可能。这种方法能够及时发现设备的缺陷，降低事故的发生率，减少设备预防性试验和检修的工作量及停电次数。因此为了确保高压断路器的安全运行和提高电力系统运行的可靠性，以在线监测为依据的状态监测维修逐步取代以预防性试验为试验的预测维修，或者弥补预防性试验的不足，延长预测维修的周期，这无论在理论和实用上都具有重大的技术经济价值。

断路器的检测技术大体上经历了从离线测试、周期性在线检测、长期在线监测的发展过程。与变压器、发电机、电容性设备相比断路器在线监测技术起步较晚。从某种意义上讲"状态检修"概念促进了断路器在线监测技术的发展。

对电力设备进行状态监测的思想早于 1951 年由美国西屋公司的约翰逊提出。针对运行中的发电机因槽放电导致电机损坏现象，约翰逊提出并研究了在电机运行条件下对槽放电现象进行监视。限于当时的技术条件，无法抑制来自线路的干扰，最后只得将电机从线路上断开，即在离线条件下进行检测，但这种状态监测基本思想则一直沿用至今。20 世纪 60 年代美国率先开发状态监测系统，并成立了庞大的研究机构，每年召开 1～2 次学术交流会议。70 年代加拿大、日本、苏联等国家的状态监测技术开始起步，并得到迅速发展。其中，加拿大于 1975 年研制成功油中气体分析的状态监测装置；日本于 70 年代末研制成功油中氢气的监测装置，80 年代研制了变压器局部放电的监测装置；苏联的状态监测技术也发展较快，特别是电容性设备绝缘监测和局部放电的状态监测方面，有较强的技术实力。据资料介绍，美国于 1995 年颁布了"电气设备绝缘诊断方法导则"，现已转向以机械特性在线监测为主，并已制定出有关标准。日本于 20 世纪 80 年代开始进入以机械状态监测为基础的预知维修时代，该项技术的研究与应用进展很快，并已积累了大量数据与经验，逐步形成了一些标准和较成熟的方法。如今，一些发达国家对高压开关设备的机械特性在线监测技术已日趋成熟，并且已有了功能较齐全、抗干扰性能较高的产品。

我国状态监测技术始于 20 世纪 80 年代，在短短的几十年里得到了迅速发展，各单位相继研制了不同类型的监测装置。主要有各省市电力部门研制的电容性设备的监测装置，主要监测介质损耗、电容值、三相不平衡电流；电力系统的一些研究所则除电容性设备的监测外还研制了各种类型的局部放电监测系统。同时，清华大学、重庆大学、西安交通大学等高校开始了绝缘诊断技术的研究。1985 年以后，国家先后将一些诸如"电力设备运行中局部放电数字化监测装置和相应的微机系统""大型气轮发电机故障状态监测系统"项目列入"七五"和"八五"攻关项目。随后，机械部、电力部也先后将诸如"大电机绝缘监测技术的研究""在线局部放电抗干扰"列入重大科技项目，标志着我国的电力设备状态监测技术进入全速发展阶段。

近年来，国内一些单位和厂家也在开展断路器机械特性监测和故障诊断方面的工作。1992 年吉林电业局曾立项"断路器机械特性的监测"；中国电力科学研究院开关研究所于 1994 年已研制成功 KZC－1 型高压断路器在线监测仪；1995 年清华大学高压教研室研制了 CBA－1 高压断路器机械参数测量分析系统，该系统可以监测分/合闸线圈电流、行程时间特性曲线及振动信号。此时的研究工作主要是围绕着断路器状态检修进行的。随着研究的深入，都先后生产了自己需要的高压断路器机械特性在线监测装置，不过都只能对其中的一个或几个机械特性参量进行监测，检测结果的适用性和分项目的检测方法仍然很不理想。

目前断路器机械特性在线监测技术存在的主要技术难题有以下几个方面：

（1）传感器的选择。真空断路器操动机构结构紧凑，目前还没有较为理想的位移传感器既能安装方便、运行可靠，又能真实准确地检测行程信号。

（2）抗干扰问题。断路器现场运行环境非常严格，在线监测单元必须工作在高电压、强磁场、断路器操作的冲击与振动以及工作时的环境温度中。因此，要采取有效的抗电磁干扰技术。

（3）监测量少，功能单一。多数系统局限于研究断路器的电气或机械某一方面的特性，缺乏系统性和综合性；以往在线监测装置所关心的是机械参量的计算结果，而对机械运动过程关心不多。

（4）数据处理的问题。目前对机械特性在线监测主要是测量分/合闸时间，平均速度等，根据这些测量值，经过简单的阈值判断来对机械操动机构状态做出预测。现有的在线监测单元可以测量分/合闸特性曲线，对于机构的状态仍然仅能做出好或坏的判断，却无法判断故障发生的部位。因此，现有的机械特性在线监测装置缺乏足够的数据积累，故障诊断的分析能力也不足，需要建立数据库。

（5）性能价格比问题。监测单元寿命过短，安装维护困难，价格过高，精度不够高。在实际应用中应尽量提高系统的性能价格比。

故障诊断的困难在于，故障和征兆之间不存在简单的一一对应关系。因此，对故障的诊断是一个反复试验的闭环过程。由于设备故障的复杂性和设备故障与征兆之间关系的复杂性，形成了设备故障诊断是一种探索性的反复试验的特点。就设备故障诊断技术这一学科来说，重点和难点都在于研究故障诊断的方法。故障诊断过程是复杂的，这些数学诊断方法又各有优缺点，因此高压断路器的故障诊断不能采用单一的方法进行诊断，而应运用多种方法结合起来应用，以期得到最正确的诊断结果，这也是今后诊断方法发展的方向。

综上所述，国内断路器机械特性的在线监测技术发展起步较晚，需要进一步完善。如今，传感器技术、信号处理技术、微电子技术以及计算机技术的快速发展，为断路器机械特性在线测量提供了技术基础。断路器在线监测进入了一个新的发展阶段，一些新理论、新技术、新检测手段正在被开发、运用。显然，检测手段一直是在线监测技术的核心。研制新的断路器机械特性在线监测智能装置的目的在于对分/合闸过程中的信号进行记录，提供更高精度、更高时间分辨率的数据，以改善系统的性能价格比，为进一步的故障诊断和预测做准备，提供一种积累数据的有效手段。

6.2　在线监测系统

经过几十年的研究，断路器状态检测技术有了长足的发展。就国内外成型技术来看，状态监测过程主要包括 4 步，如图 6-1 所示。各研究机构工作的主要区别集中在特征提取和状态诊断的方法上，个别方法对断路器的某些故障比较有效，有的甚至达到了 100%的检测成功率。

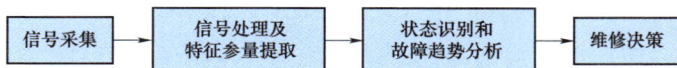

信号采集 → 信号处理及特征参量提取 → 状态识别和故障趋势分析 → 维修决策

图 6-1　状态监测过程

（1）信号采集。高压断路器是机电一体化的开关设备，在运行过程中必然会有光、电、声、热、力等各种物理量的变化。选择能表征高压断路器工作状态的多种信号是十分必要的，这些信号一般由不同的传感器获取。随着传感技术的不断发展，可以获得越来越丰富的断路器运行状态信息。

（2）信号处理及特征参量提取。特征参量提取是实现断路器状态检修的关键环节，将采集到的信号进行分类处理加工，提取能表征断路器工作状态的特征参量。特征参量是否满足状态检测的需要依赖于数字信号处理技术的发展。

（3）状态识别和故障趋势分析。将经过信号处理后获得的特征参量与规定的允许参数或判别标准进行比较，从而确定断路器的工作状态，是否存在故障以及故障的类型和性质等，同时根据当前数据预测状态可能发展的趋势，进行故障趋势分析，为此应制定合理的判别准则和策略。随着专家系统、神经网络、模糊逻辑和人工智能等先进理论的发展，对高压断路器运行状态进行准确地识别逐渐成为可能，这个领域是目前高断路器状态检修研究的热点和难点，也是今后发展的必然趋势。

（4）维修决策。根据对高压断路器状态识别和故障分析的结果，决定应该采用的对策和措施，从而帮助运行人员制订合理的维修计划。

高压断路器的机械特性参数主要包括分/合闸时间，分/合闸不同期，触头行程、开距、超行程，刚合速度、刚分速度，分/合闸最大速度，分/合闸平均速度等。根据断路器机械特性参数的定义，以及现有采集量来求取机械特性参数时，需要计算与转换的有位移量、时间量、速度量。其中，首先确定的是各动作时刻在分/合闸操作时间序列中的位置，以便确定各时间参量，由此配合各序列点位移量确定各位移参量，再由位移量和时间量计算出各个速度参量。

6.3　断路器机械特性在线监测内容

众所周知，断路器与其他电气设备相比，机械零部件特别多，加之这些部位动作频繁，因此而造成故障的可能性就高。从中国电力科学研究院对全国 6kV 以上高压开关故障原因的统计分析中可以看出，1998～1999 年在拒动、误动故障中因操动机构及其传动系统机械故障导致的占 41.63%；国际大电网会议（CIGERE）资料也表明，操动机构故障占 43.5%。由此可见，无论是国内还是国外，机械性故障是构成断路器故障的主要原因，所以对断路器机械状态的监测以及健康状况的诊断甚为重要。

目前，断路器的机械系统在线监测主要有行程—时间在线监测、分/合闸线圈电流在线监测、"储能电机电流—时间"监测。

（1）行程—时间在线监测。高压断路器的行程—时间特性是表征高压断路器机械特性的重要参数，也是计算高压断路器分/合闸速度的依据。高压断路器分/合闸速度，尤其是断路器合闸前、分闸后的动触头速度，对断路器的开断性能有至关重要的影响。高压断路器动触头速度的测量，主要是通过测量动触头的行程—时间关系，然后经过计算得到动触头的速度等参数。因此，高压断路器的行程—时间特性监测，是高压断路器在线监测的重要内容。

目前测量高压断路器的行程时间特性，多采用光电式位移传感器与相应的测量电路配合进行，常用的有增量式旋转光电编码器或直线光电编码器。直线光电编码器安装在断路器直线运动部件上，或者把旋转光电编码器安装在断路器操动机构的主轴上，通过传感器测量断路器分/合闸动作时动触头的运动信号波形。

（2）分/合闸线圈电流在线监测。高压断路器一般都以电磁铁作为操作的第一级控制元件，操动机构中使用的绝大部分是直流电磁铁。当线圈中通过电流时，在电铁内产生磁通，动铁芯受磁力吸引，使断路器分闸或合闸，从能量角度看，电磁铁的作用是把来自电源的电能转化为磁能，并通过动铁芯的动作，再转换成机械功输出。分/合闸线圈的电流中含有可作为诊断机械故障用的丰富信息，可以选用补偿式霍尔电流传感器监测电流信号。对线圈电流的监测主要是提取事件发生的相对时刻，根据时间间隔来判断故障征兆，对于诊断拒动、误动故障有效。

（3）"储能电机电流—时间"监测。电机电流信号分析（motor current signal analysis，MCSA）法是一种利用电机定子电流信号的特征来分析相应故障的方法，已成功应用于检测电机本体故障，如对电机定子、转子和气隙磁通不对称等故障进行诊断。虽然 MCSA 法在检测电机所驱动的设备上不及电机本体故障方面的应用广泛，但由于传动系统故障时产生的波动转矩可很好地反映在电机定子电流中，且波形数据容易获得，目前断路器在线监测装置上已成为常用监测项目。

分析储能电机电流波形时，可以从波形中提取启动电流、工作电流、启动时长、储能时长、电机带电时长作为特征参数，对比这些电流特征参数的变化，可以判断储能弹簧力特性的改变。如果知道储能电动机的类型和电动机及相关机构的参数和尺寸，还可以估算出弹簧力—行程特性。通过监测比较每次的启动电流和稳定工作电流的大小，可以反映出储能电机和负载的工作情况；监视每次电动机的启动时刻和两次启动时间的间隔大小，可以反映断路器储能系统的密封状况。通过每一次储能电机的运行时间的变化，就可以判断出储能电机出力下降或者储能系统密封不严等问题。

6.4　在线监测评价

6.4.1　分闸操作评价

断路器分闸操作评价如图 6-2 所示。

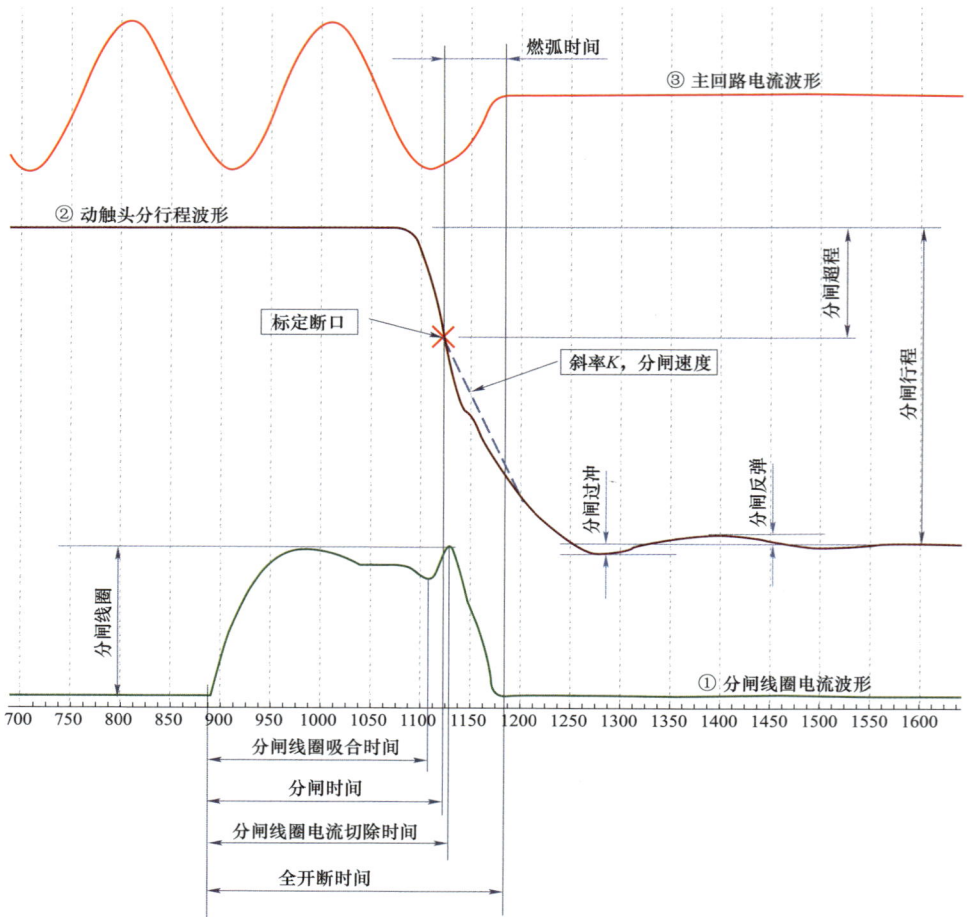

图 6-2　断路器分闸操作评价

注：1. 图中坐标 X 轴为时间（单位：ms）。

2. Y 轴为：① 分闸线圈电流波形（单位：A）；② 动触头分行程波形（单位：mm）；

③ 主回路电流波形（单位：kA）。

3. 三个波形为实际在线监测装置在同一时间参考下记录，具有准确的时序关系（误差 0.1ms）。

6.4.2　合闸操作评价

断路器合闸操作评价如图 6-3 所示。

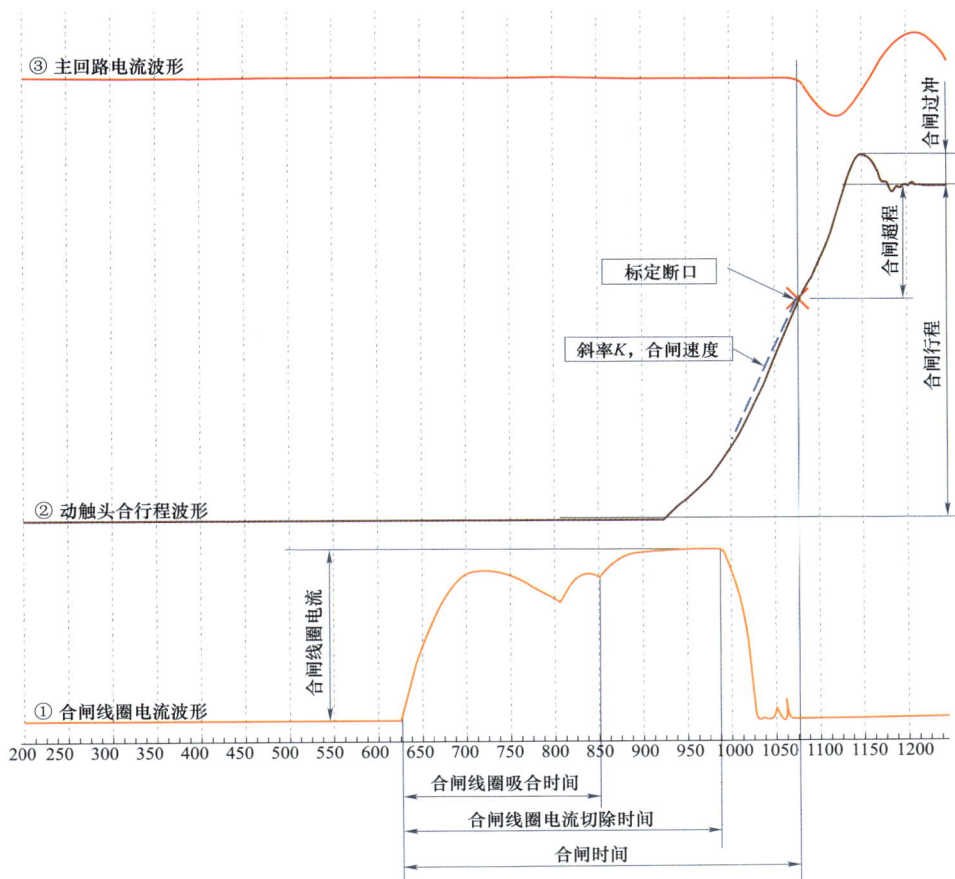

③ 主回路电流波形

合闸过冲

合闸超程

标定断口

斜率K，合闸速度

合闸行程

② 动触头合行程波形

合闸线圈电流

① 合闸线圈电流波形

200 250 300 350 400 450 500 550 600 650 700 750 800 850 900 950 1000 1050 1100 1150 1200

合闸线圈吸合时间

合闸线圈电流切除时间

合闸时间

图 6-3　断路器合闸操作评价

注：1. 图中坐标 X 轴为时间（单位：ms）。

2. Y 轴为：① 合闸线圈电流波形（单位：A）；② 动触头合行程波形（单位：mm）；

③ 主回路电流波形（单位：kA）。

3. 三个波形为实际在线监测装置在同一时间参考下记录，具有准确的时序关系（误差 0.1ms）。

6.4.3　储能操作评价

断路器储能操作评价如图 6-4 所示。

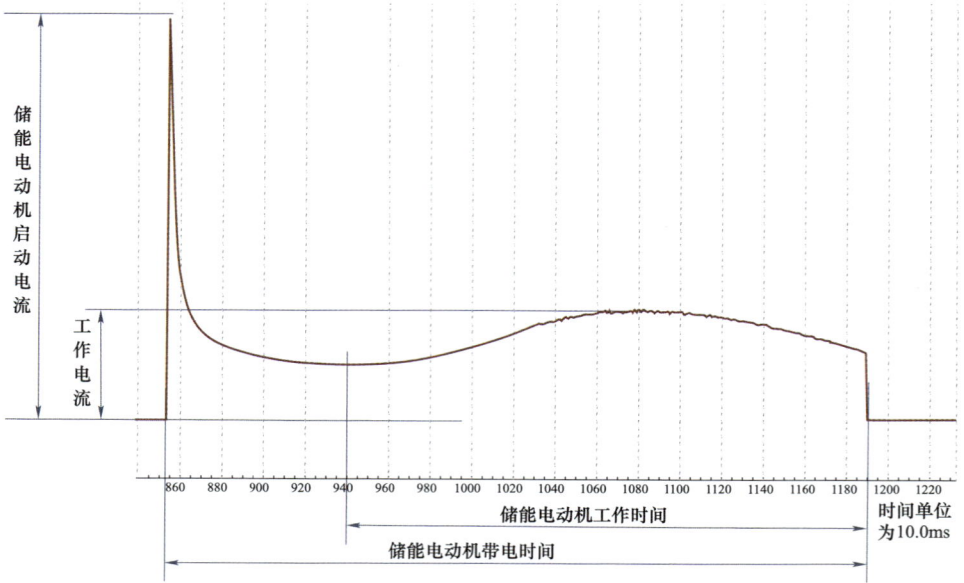

图 6-4　断路器储能操作评价

第 7 章

故 障 诊 断

7.1 故 障 诊 断 概 述

7.1.1 故障诊断的主要任务

基于第 5、6 章介绍的常见方法，及早发现系统或设备是否存在故障的过程谓之故障检测，而进一步确定故障所在大致部位的过程是故障定位。要求把故障定位到实施修理时可更换部件的程度（或可更换组件）的过程称为故障隔离。故障诊断就是指故障检测和故障定位的过程。

结合状态检修，故障诊断也可以这样定义，即它是对设备运行状态和异常情况作出判断，并根据诊断结果为设备状态检修提供依据。要对设备进行故障诊断，首先必须对其进行状态检测，在发生故障时，对故障类型、故障部位及原因进行诊断，最终给出解决方案，实现故障恢复。

故障诊断的主要任务有故障检测、故障类型判断、故障定位及故障恢复等。其中，故障检测是指与系统建立连接后，周期性地向计算机发送检测信号，计算机通过接收的响应数据帧，判断系统是否产生故障；故障类型判断是系统在检测出故障之后，通过分析原因，判断出系统故障的类型；故障定位是在前两步的基础之上，细化故障种类，诊断出系统具体的故障部位和故障原因，为故障检修做准备；故障恢复是整个故障诊断过程中最后也是最重要的一个环节，需要根据故障原因，采取不同的措施，对系统故障进行检修。

7.1.2 故障诊断发展过程

故障诊断技术是医学诊断的基本思想在工程领域的推广和应用，其发展过程可分为如下两个阶段。

（1）第一阶段常规诊断技术。建立在传感技术和自动测试技术的基本之上，以数据处理为核心，侧重信号的检测和分析。发展比较成熟，但诊断功能较弱。

（2）第二阶段智能诊断技术。它的特点是以知识处理为核心，运用人工智能（artificial intelligence，AI）技术实现诊断过程的自动化和智能化。它的研究重点是智能诊断方法。一般地说，智能诊断技术实际是 AI 加常规诊断技术。

7.1.3 故障诊断系统的评价指标

评价一个故障诊断系统的性能指标主要有以下几个方面。

（1）故障检测的及时性，是指设备在发生故障后，故障诊断系统在最短时间内检测到故障的能力。从故障发生到被检测出的时间越短说明故障检测的及时性越好。

（2）早期检测的灵敏度，是指故障诊断系统对微小故障信号的检测能力。故障诊断系统能检测到的故障信号越小说明其检测的灵敏度越高。

（3）故障的误报率和漏报率，误报指设备没有发生故障却被错误地检测出发生了故障，漏报是指设备已经确实发生了故障但系统却没有检测出来。一个可靠的故障诊断系统应尽可能地使误报率和漏报率最小化。

（4）故障辨识能力，是指诊断系统辨识不同故障、故障大小和特征值变化特性的能力。故障辨识能力越高说明诊断系统对故障的辨识越准确，也就越有利于对故障的评价和检修决策。

（5）鲁棒性，是英文 robustness 的音译，是稳健性的意思，一般用来描述某个系统的稳定性，就是说在遇到某种干扰时，这个系统的性能比较稳定。

在这里鲁棒性是指诊断系统在有噪声、干扰等的情况下正确完成故障诊断任务，同时保持低误报率和漏报率的能力。鲁棒性越强，说明诊断系统的可靠性越高。

（6）自适应能力，是指故障诊断系统对于变化的被测对象具有自适应能力，并且能够充分利用变化产生的新信息来改善并调整系统自身的参数。

以上性能指标在实际应用中，需要根据实际条件来分析判断哪些性能是主要的，哪些是次要的，然后对诊断方法进行分析，经过适当的取舍后得出最终的诊断方案。

7.1.4　故障诊断的基本方法

由于故障诊断过程的复杂性，因此不可能只采用单一的方法，而要采用多种方法来进行诊断。任何一种诊断方法都不是万能的，在进行断路器故障诊断时，常常需要几种方法同时应用，就像对人体诊断时既需要听心跳、测脉搏，又需要量体温、量血压、化验血液、化验排泄物等，目是能够更加科学地、准确地、全方位地获得诊断对象的状态信息，降低误诊率。

7.1.5　开展故障诊断的意义

开展故障诊断工作具有显著的经济效益。应用诊断技术，实行以状态监测为主的状态检修具有以下意义：

（1）避免"过剩检修"，防止因不必要的拆卸与装配使设备性能降低，可有效延长设备使用寿命。

（2）节省检修时间，提高检修效率和经济效益。

（3）减少和避免重大事故发生。不仅能使企业获得显著经济效益，而且能收到较好的社会效益。

（4）降低检修费用。由于检修次数减少、检修时间减少、检修效率提高，所以检修费用可以显著降低。

7.2 信号预处理方法及分析技术

7.2.1 信号预处理方法

7.2.1.1 信号预处理目的

信号是信息的载体，通常表示为 $X(t)$、$Y(t)$ 等。信号预处理就是对信号的加工过程，其目的是从原始信号中获取更多的有用信息，更方便于根据信号的特征进行判断。

信号预处理的目的是为了更好地与信宿的性质相匹配，舍弃那些对信宿无关的部分，突出信宿需要的有用部分，使信号的获得者（人或设备）能够更好地利用或使用。具体些说，信号预处理的主要目的如下：

（1）提高有效性。一般来说，信号预处理的结果总会有信息损失，而且处理的次数和环节越多这种损失的机会就越大，只有在理想状态下才不会丢失信息，但绝不能增加信息。信息不增原理是信息处理的基本原则，即对载荷信息的信号所做的任何处理都不应该使它所载荷的信息量增加，需要的是突出可用信息，提高信息的可利用性。

（2）提高抗干扰性。针对干扰的性质和特点，对信号进行适当的变换，如滤波和抑制外界的噪声干扰等措施，提高高压电抗器干扰性。

（3）对信号进行识别和分类。要点是先合理地抽取模式的特征，然后根据一定的准则来对模式进行识别和分类。基于模式的统计特征和统计判决理论的统计识别方法，要求先抽取模式的特征，得到原始的特征空间，然后把它变换到低维空间并根据一定的准则（如最小均方误差准则）对它进行分类。

7.2.1.2 信号预处理方法

由于传感器的固有噪声、电磁干扰乃至于安装方式的影响，采集到的信号数据会一定程度上偏离真实值，给后续分析造成困难。信号预处理能减小信号的零点漂移，过滤高频噪声，将采集到的信号尽可能真实地还原。

与高压断路器操作相关的信号，国内外对预处理的研究十分广泛，主要包括小波分解重构法、零相位数字滤波、五点三次平滑滤波以及形态学滤波等。

（1）小波分解重构法。该方法根据离散小波变换（DWT）原理，将含噪信号逐级分解。每一级分解把该级的输入信号分解成一个低频的粗略逼近部分（平滑分量）和一个高频的细节部分，每级两种输出的带宽都减半，因此采样频率也可以减半而不至于引起信息的丢失。信号分解后选取一个阈值，去掉高频分量，保留平滑分量并重构信号。根据阈值选取方法的不同，可分为软阈值、硬阈值和半软阈值去噪。使用小波分解重构法，得到的信号平滑性好。小波分解重构法去噪实例如图 7-1 所示。该方法面临的困难是振动加速度信号高频分量所含特征信息的机理不明确，导致阈值的选取缺乏理论指导。

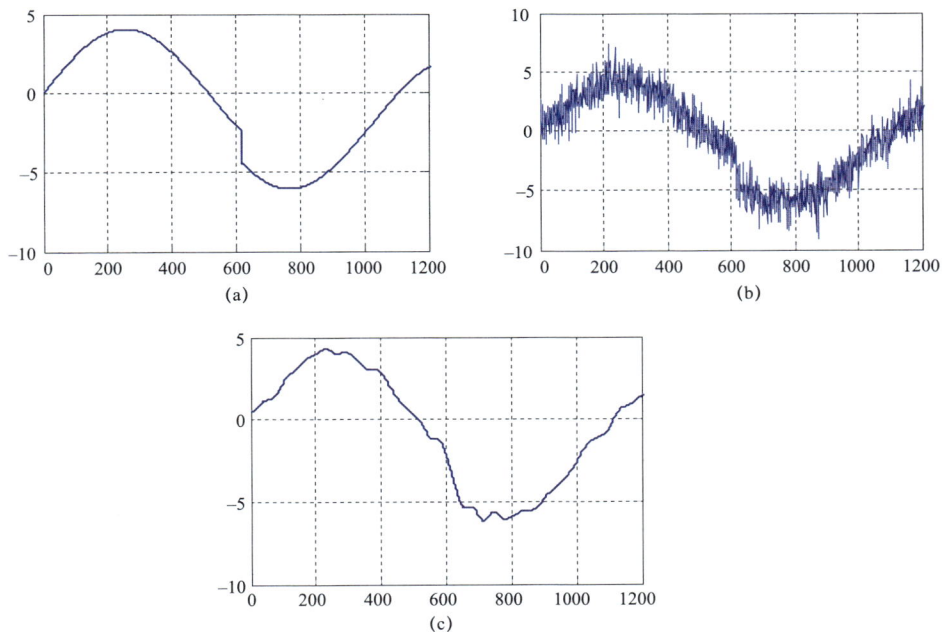

图 7-1　小波分解重构法去噪实例
（a）原始信号；（b）加噪信号；（c）去噪信号

（2）零相位数字滤波。该方法由传统的频域滤波（例如巴特沃斯带通滤波）改进得到，增加了翻转滤波和翻转输出两个步骤，能够改善频域滤波的相移特性。与小波分解重构和经验模态分解等无相移的非平稳信号处理方法相比，具有截止频率明确、计算量小的特点，适合处理调幅信号和调频信号。

（3）五点三次平滑滤波。该方法是一种多项式曲线拟合方法，通过取采样信号相邻的 5 个数据点，根据最小二乘原理，拟合出一条三次曲线来，然后用拟合得到的三次曲线上对应位置的数据值作为滤波后结果。

（4）形态学滤波。该方法是基于数学形态学的非线性滤波方法。研究表明，形态学滤波处理后信号幅值不偏移，相位不衰减，且数据窗短，处理速度快。线圈电流的形态学去噪效果如图 7-2 所示。形态学有两种最基本的算子，腐蚀和膨胀。腐蚀算子能够削弱信号中的毛刺和尖峰，而膨胀算子能够填充信号的沟壑。应用形态学滤波抑制了高压断路器线圈电流信号的噪声。针对分/合闸电流的特点优化各结构元素，是形态学滤波改进的方向。

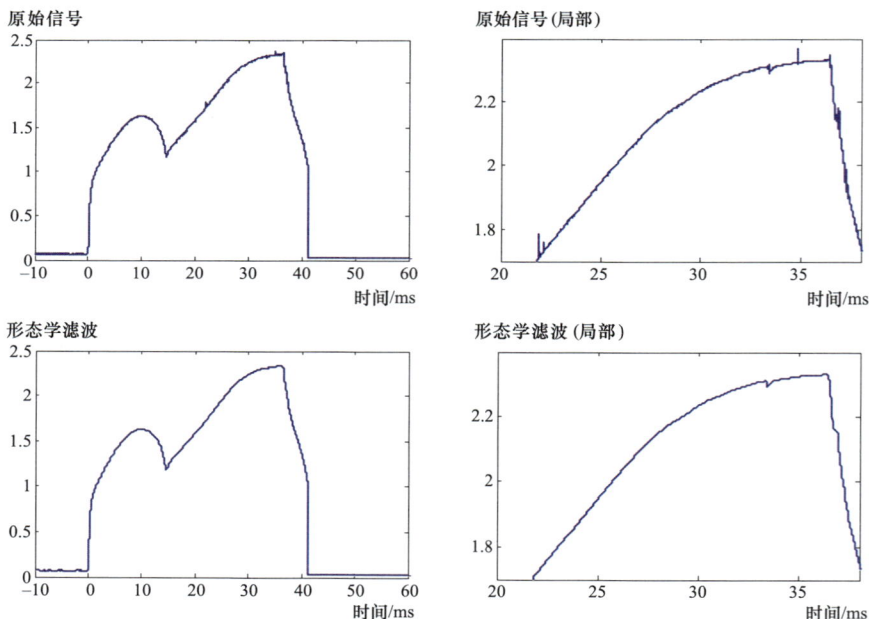

图 7-2 线圈电流的形态学去噪效果

7.2.2 信号分析技术

信号具有时域和频域两种最基本的表现形式和特性。时域特性反映信号随时间变化的情况。频域特性不仅含有信号时域中相同的信息量，而且通过对信号的频谱分析，还可以清楚地了解该信号的频谱分布情况及所占有的频带宽度。

7.2.2.1　时域分析

如果对所测得的时间历程信号直接实行各种运算且运算结果仍然属于时域范畴，则这样的分析运算即为时域分析，如统计特征参量分析、相关分析等。

统计特征参量分析又称为幅值域分析，在各态历经的假设条件下，对随机过程的分析可变为对其任一样本的统计分析。

相关分析又称为时延域分析，用于描述同一信号或不同信号在不同时刻的相互依赖关系，是信号时域分析的主要内容，包括自相关分析、互相关分析。

对于机械故障的诊断而言，时域分析所能提供的信息量是非常有限的。时域分析往往只能粗略地回答是否有故障，有时也能得到故障严重程度的信息，但不能回答故障发生的部位等信息，即只知其然不知其所以然，故一般用作设备的简易诊断。对于设备管理和维修人员来说，诊断出设备是否有故障，这只是解决问题的第一步，更重要的工作则在于确定是哪些零部件发生了故障，以便有针对性地采取措施。因此，故障定位问题在设备故障诊断与监测研究中显得尤为重要。

7.2.2.2　频域分析

频域分析是把以时间为横坐标的时域信号通过傅里叶变换分解为以频率为横坐标的频域信号，从而求得关于原时域信号各频率成分的幅值和相位信息。通过对各频率成分的分析，对照零部件运行时的特征频率，以便查找故障源。对信号的频域分析是对故障进行定位的一种常用方法。

谱分析是在频域中描述信号特征的一种分析方法，不仅可用于确定性信号，也可用于随机性信号。确定性信号可用既定的时间函数来表示，它在任何时刻的值都是确定的，随机信号则在某一时刻的值是随机的。随机信号处理只能根据随机过程理论，利用统计方法进行分析，如利用平均值、方均值、方差、相关函数、功率谱密度函数等统计量来描述随机过程的特征或随机信号的特征。相关函数的傅里叶变换就是随机信号的功率谱密度函数，一般简称为功率谱。

为了得到所传输的信号对接收设备及信道的要求，只了解信号的时域特性是不够的，还必须知道信号的频谱分布情况，傅立叶分析也称频谱分析，是信号分析和处理的基础理论。信号是时间函数，傅立叶分析是从频率角度看信号，把时间信号变成频率函数，用一个新的角度来看信号。

7.3 传统诊断技术

故障诊断的任务就是要确定设备的故障性质、程度、类别和部位，明确故障征兆，并指明故障发展趋势。

一般来说，传统的故障诊断技术可归纳为比较法和按机理分析诊断法两种模式。

比较法是以统计学为基础的一种判别设备状态最传统的基本方法。它是把测量并经处理得到的各种状态数据、波形等与历史数据或标准数据进行纵向、横向比较，从而判别故障的类型和程度。比较法是直接检测和诊断故障的方法，具有快速、有效的特点。

比较法包括纵向比较和横向比较。所谓纵向比较是指某台设备不同时期监测到的数据归算到同一条件下进行比较，若数据在时间上有一定的积累时，可有效地反映设备状态的变化趋势，主要包括同一设备的当前与历史数据比较；与运行前或者检修后"指纹"的比较；当前运行数据和与离线试验参数（中试结果）比较；随时间推移、运行环境和气候变化的设备状态信息的比较；与行业规范、规程的技术指标或设备生产厂家的技术规范相比较。横向比较是将同类型设备的状态监测数据加以比较和判断。

通常所说的"指纹"是指设备状态的特征。在设备投运前或大修后监测记录设备正常或最佳状态的特征作为"正常指纹"，如果可事先提取某种故障的特征作为某一"故障指纹"那当然更好。将运行中的设备监测到的"当前指纹"

与"正常指纹"相比较，即可发现是否存在故障；继而再与"故障指纹"相比较，即可发现是否存在某种故障。

按机理分析诊断法是建立在被监测对象或监测量的数学模型化的基础上。能直观地用数据表征设备的某一状态。如对高压断路器电寿命的监测与诊断，对液压操动机构每隔一段时间（一般取 24h）电动机打压的次数统计与诊断等。

7.3.1　波形识别

研究发现不同的故障类型具有与正常指纹不完全相同的故障图谱。波形识别的方法即采用当前指纹与指纹库中正常指纹的比较，从而判断故障类型的方法。这是一种人工直观判别故障波形的方法。

这种方法需要积累一定数量的，且对应于不同型号断路器的典型故障波形，并存储在计算机数据库内。

针对一般断路器波形识别的理论判据如表 7-1 所示。

表 7-1　　　　　　　针对一般断路器波形识别的理论判据

序号	故障类型	信号源	判据
1	合（分）闸线圈匝间短路	合（分）闸电流	电流增大—与正常波相比，波形形状基本不变但幅值增大（包络线总体向上平移）
2	合（分）闸回路电阻增大	合（分）闸电流及线圈两端电压	电流减小—与正常波相比，波形形状基本不变但幅值减小（包络线总体向下平移）
3	脱口机构卡滞或辅助（位置）开关触点未及时断开	分闸电流	与正常波相比，波形形状基本不变但波形后半部分的延续时间加长
4	线圈开路	合（分）闸电流及线圈两端电压	有电压、无电流—断路器拒动（合或分）
5	储能电动机匝间短路	储能电动机电流	电流增大—与正常波相比，波形形状基本不变但幅值增大（包络线总体向上平移）
6	储能机构故障或电源回路未及时断开	储能电动机电流	与正常波相比，波形形状基本不变但波形后半部分的延续时间加长
7	可动铁芯卡涩	合（分）闸电流	波形形状基本不变但第一个波幅值增大（向上提升）

续表

序号	故障类型	信号源	判据
8	连杆、拐臂或销松脱	振动信号	与正常波形相比，只有第一个波峰，没有第二个波峰出现
9	缓冲器故障	振动信号	与正常波形相比，第一个波峰正常，第二个波峰幅值增大
10	齿轮机构异常	储能电动机电流	波形不正常：呈现锯齿波形
11	偏心机构异常或弹簧无力	储能电动机电流	波形不正常：呈现三角波形
12	偏心轮或储能时间异常	储能电动机电流	波形不正常：呈现双峰波形
13	偏心轮空转或辅助触点异常	储能电动机电流	波形不正常：呈现宽平峰波形

7.3.2 样本库

传统的故障诊断技术中，无论是比较法还是按机理分析诊断法，都必须有一个可供参照的"样本"，如上述的"正常指纹""故障指纹"和参数的标准值等。这些可供参照的样本的集合谓之样本库（sample library）。

样本库的来源主要有以下几个途径：

（1）广泛搜集并整理。

（2）工厂、科研院所大量的实验记录。

（3）运行现场的长期运行记录。

1）正常指纹的取得。正常指纹一般认为较容易取得，但因为国内外的不同型式、不同品牌产品太多，其难度和工作量都较大。正因为此，必须要优先搜集并整理好知名品牌的断路器（无论国内、国外的）、用量较多（常用）的断路器的正常指纹。

2）故障指纹的取得。故障指纹也可能需要损坏性实验求证，一般难于取得。

3）参数标准值的取得。参数的标准值，也叫阈值，目前并无国家或电力行业的统一规定，需要不断地探索和修正。由于断路器生产厂家多，型号规格也多，所以标准值[如对高压断路器电寿命的监测与诊断，对液压操动机构每隔一段时间（一般取24h）内电动机打压的次数统计与诊断等]需要长期运行记录的积累。

对样本库的要求如下：

（1）不断完善和及时补充。因为样本库建立之初的条件限制，不可能概全，而且新产品不断涌现等因素，样本库中的新样本信息需要不断完善和及时补充。

（2）不断改进和及时修正。由于各生产厂家都在对产品进行不断改进和进一步完善，所以样本信息需要不断改进和及时修正。

正因为此，样本库必须是开放式的、能够自动更新的，如遇有新品牌或新型号的断路器，在数据录入时能自动添加且自动对原有相关数据进行修正。

7.3.3　特征值提取

由于断路器生产厂家众多，设计图纸各异，品种规格也多，而且机械设备采用的材质及加工精度的差异，因此造成比较波形信号的差异。为了便于计算机进行波形的差异性识别和故障判断，对检测到的波形需要找出其特征值。

波形信号的特征值是以数值形式表示的时域特征，是对波形信号最简单直观的数值描述。由于波形信号的时域特征值比较明显，且具有明确的物理意义，因此容易被人们接受。所以可以采用波形的上升时间、下降时间、波形宽度、波峰高度以及包络面积等数值，作为波形的特征值进行提取和比较。

三种不同型号断路器正常的分闸线圈正常电流波形和三种不同品牌断路器的储能电动机正常电流波形分别如图 7-3 和图 7-4 所示。虽然它们都属正常工作状态，但可以看出它们波形的彼此差别较大，因而不能取某一种型号或某一电压等级的断路器的波形作为"正常指纹"，而应该找出其特征值，方能使计算机能够进行正确识别和比较。

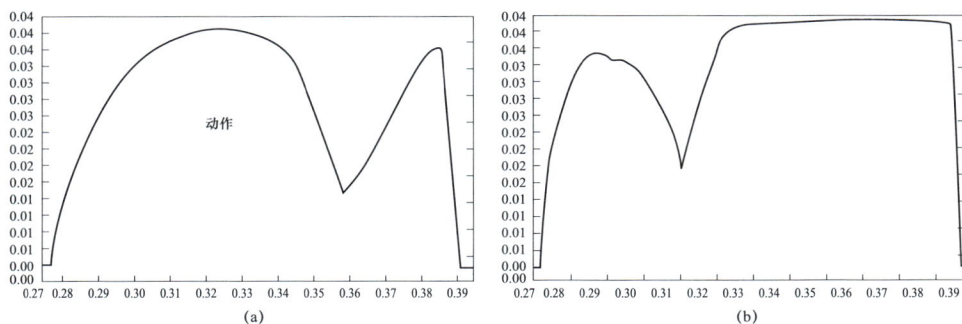

图 7-3　三种不同型号断路器正常的分闸线圈正常电流波形

（a）断路器型号 1；（b）断路器型号 2

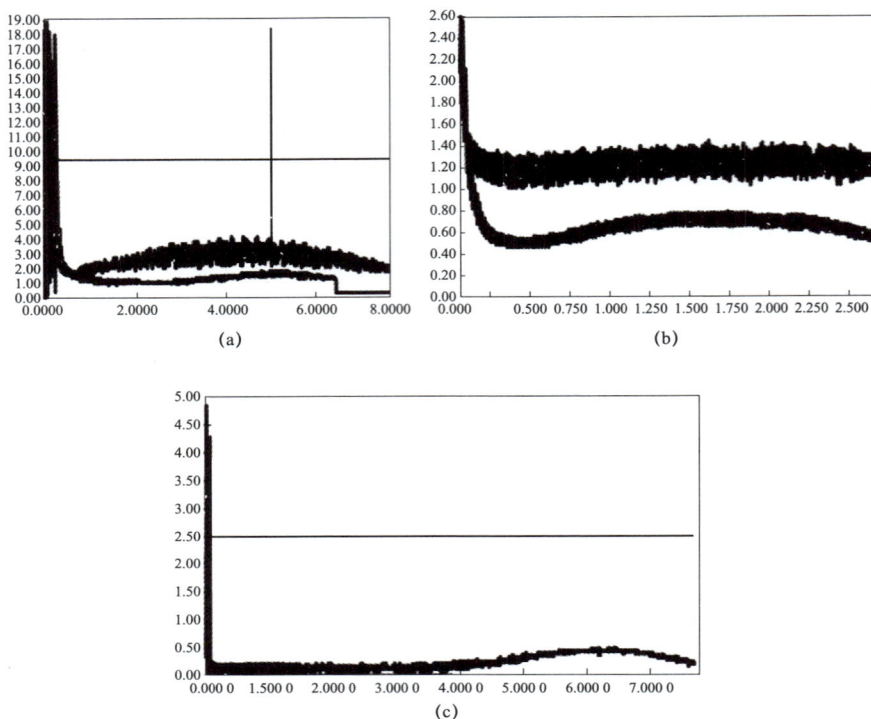

图 7-4 三种不同品牌断路器的储能电动机正常电流波形
（a）品牌 1；（b）品牌 2；（c）品牌 3

（1）合分闸线圈电流波形的特征值。断路器的合分闸线圈是一种电磁可动铁芯线圈，其典型电流波形如图 7-5 所示。图中 t 是线圈通电的起始时刻，t_4 是线圈断电的时刻，t_1、t_2、t_3 所对应的 i_1、i_2、i_3，是电磁可动铁芯线圈的典型电流特征值。

根据电磁感应原理，可知特征值与铁芯运动状态的对应关系：

1）$t_0 \sim t_1$ 铁芯始动阶段。由于电感的作用，线圈电流逐步由零增大，电流 i 以指数曲线上升，此时铁芯吸力也逐步增加，但还不足以使铁芯动作。

2）$t_1 \sim t_2$ 铁芯无负载运动阶段。随可动铁芯的运动线圈电流逐渐减小，当可动铁芯运动至线圈中间位置时电流 i_2 为最小值。

3）$t_2 \sim t_3$ 铁芯打开锁扣的阶段。在此阶段断路器传动机构的锁扣被打开。

4）$t_3 \sim t_4$ 电流开断阶段。辅助开关分断，直到电弧熄灭。

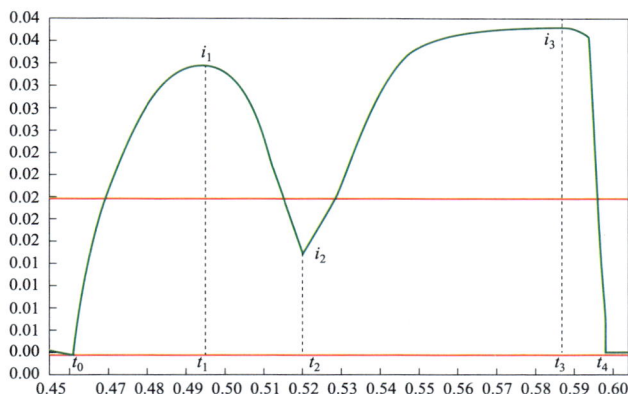

图 7-5　电磁可动铁芯线圈典型电流波形

将 t_0、t_1、t_2、t_3、t_4、i_1、i_2、i_3 作为特征参数，便可以发现诸如可动铁芯卡涩、锁扣太紧或太松、线圈匝间短路回路电阻增大、辅助触点故障等问题。

如果断路器操动机构有可动铁芯卡涩现象，将会在 $t_0 \sim t_2$ 之间有多个电流波峰出现。

电磁可动铁芯线圈工作电流的波形，反映了铁芯的运动状态和机械状态。根据电流波形的特征参数还可以计算出铁芯启动时间、线圈通电时间，从而得到铁芯运动状态，从中发现是否有铁芯卡滞现象，以及铁芯的行程和铁芯的吸力等参数的变化情况。

（2）储能电动机电流波形的特征值。弹簧操动机构中储能电动机典型的电流波形图如图 7-6 所示。

从图 7-6 可以看出，这一波形可以分为下列 4 个阶段：

1）$t_0 \sim t_1$ 电动机启动阶段。启动电流的特点是一个较大的尖脉冲。

2）$t_1 \sim t_2$ 电动机轻负荷工作。电动机电流平稳（i_e）。

3）$t_2 \sim t_3$ 弹簧储能阶段。电动机电流随着弹簧拉力的大小而变化（最大值为 i_m）。

4）电流开断阶段。辅助开关分断，电流被切断。

通过分析电流波形，将 t_1、t_2、t_3、t_4、i_1、i_e、i_m 作为特征参数，便可以判

断储能机构及弹簧的工作状态。

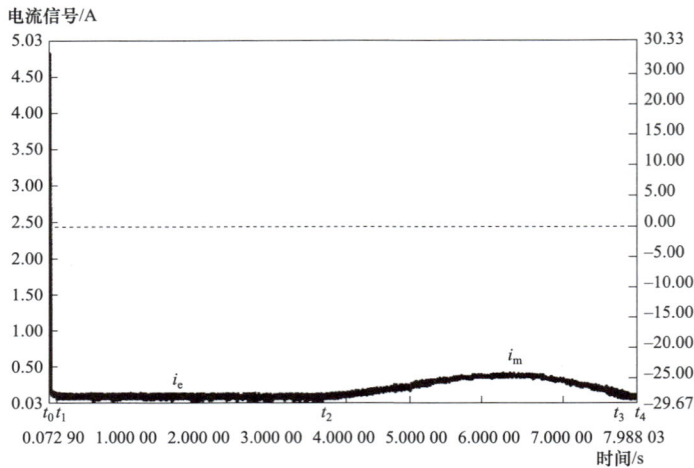

图 7－6　储能电动机典型的电流波形

7.3.4　波形比对

（1）对波形比对的要求。前面我们已经讨论过，将运行中的设备监测到的"当前指纹"与"正常指纹"相比较，即可发现是否存在故障；继而再与"故障指纹"相比较，即可发现是否存在某种故障，这就是波形比对。又因为不同品牌、不同型号的断路器的正常波形差异较大，所以不能以波形包络线的波形相比较，而应该以其特征值进行比较。

用特征值进行比较，首先需要确定"偏差值"的大小。就目前情况来说，偏差值的确定还有难度，还有很多工作要做，因为偏差值取值大小很关键，若过大则漏判的机率高，若过小可能误判的机率会高。因此，需要大量的试验数据和各种故障的模拟实验，而且还要结合专家的经验。

利用故障征兆进行故障诊断的方法，提取信号中各种特征信息，从中获取与故障相关的征兆。由于故障与各种征兆并不存在简单的一一对应关系，因此利用征兆进行故障诊断往往是一个反复探索和求解的过程，需要以大量统计数据为基础。

（2）波形比对方法。波形比对有纵向比对法和横向比对法：

1）纵向比对法。断路器投运时或检修后，测试处于良好状态时的断路器的健康图谱。如"当前指纹"与"正常指纹"基本一致，说明断路器正常，否则可能存在特性变坏趋势或潜在故障。

2）横向比对法。电力部门一般都有很多同一厂家生产的同一型号的断路器这些断路器具有相似的健康图谱，如有明显不一致的则可能已经发生故障。

机械故障往往都有一个形成过程，波形比对法可以直观发现断路器的某部件或某特性的渐进式发展趋势，因而可以依据其变化速度（相对值）和变化量（绝对值）判断其是否需要安排检修。

7.4 专家诊断系统

在传统诊断方法的基础上，将人工智能的理论和方法用于故障诊断，发展智能化的诊断方法，是故障诊断的一条新的途径，目前已开始广泛应用，成为设备故障诊断的主要方向。人工智能的目的是使计算机自动完成原来只有人才能完成的智能任务，包括推理、理解、规划、决策、抽象、学习等功能，这就是我们要讨论的专家诊断系统（简称专家系统）。

专家系统（expert system，ES）是一个智能计算机程序系统，它利用知识和推理过程来解决那些需要大量的人类专家知识才能解决的复杂问题。所用的知识和推理过程可认为是最好的领域专家的专门知识的模型。一般将专家系统的设计人员称为知识工程师，将参加专家系统开发的人类专家称为领域专家。专家系统开发过程示意图如图 7-7 所示。

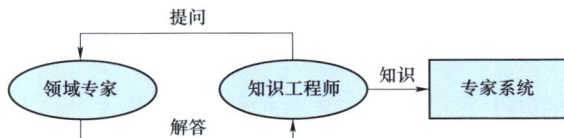

图 7-7 专家系统开发过程示意图

专家系统不依赖于系统的数学模型，而是根据人们长期的实践经验和大量的故障信息知识设计出的一套智能计算机程序，以此来解决复杂系统的故障诊断问题，其内部含有大量的某个领域专家级水平的知识与经验，能够利用人类专家的知识和解决问题的方法来处理该领域问题。也就是说，专家系统是一个具有大量的专门知识与经验的程序系统，它应用人工智能技术和计算机技术，根据某领域一个或多个专家提供的知识和经验，进行推理和判断，模拟人类专家的决策过程，以便解决那些需要人类专家处理的复杂问题，简而言之，专家系统是一种模拟人类专家解决领域问题的计算机程序系统。

7.4.1　专家系统的组成

专家系统通常由人机交互界面、知识库、推理机、解释器、综合数据库、知识获取 6 个部分组成。其中，尤以知识库与推理机相互分离而别具特色。专家系统的体系结构随专家系统的类型、功能和规模的不同，而有所差异。

为了使计算机能运用专家的领域知识，必须要采用一定的方式表示知识。目前，常用的知识表示方式有产生式规则、语义网络、框架、状态空间、逻辑模式、脚本、过程、面向对象等。基于规则的产生式系统是目前实现知识运用最基本的方法。产生式系统由综合数据库、知识库和推理机 3 个主要部分组成。综合数据库包含求解问题的世界范围内的事实和断言。知识库包含所有用"如果：〈前提〉，于是：〈结果〉"形式表达的知识规则。推理机（规则解释器）的任务是运用控制策略找到可以应用的规则。

知识库用来存放专家提供的知识。专家系统的问题求解过程是通过知识库中的知识来模拟专家的思维方式的，因此，知识库是专家系统质量是否优越的关键所在，即知识库中知识的质量和数量决定着专家系统的质量水平。一般来说，专家系统中的知识库与专家系统程序是相互独立的，用户可以通过改变、完善知识库中的知识内容来提高专家系统的性能。

人工智能中的知识表示形式有产生式、框架、语义网络等，而在专家系统中运用得较为普遍的知识是产生式规则。产生式规则以 IF〈条件〉THEN〈结论〉的形式出现，就像 BASIC 等编程语言里的条件语句一样，IF 后面跟的是条件（前件），THEN 后面的是结论（后件），条件与结论均可以通过逻辑运算 AND、OR、NOT 进行复合。在这里，产生式规则的理解非常简单，如果前提条件得到满足就产生相应的动作或结论。

　　推理机针对当前问题的条件或已知信息，依据一定的规则，从已知事实推出未知的诊断结论。推理方式可以有正向和反向推理两种。正向推理是由已知征兆事实到故障结论的推理，即从已知事实出发正向使用规则，将规则的条件与事实库中的事实相匹配。若匹配成功，则激活该规则，将规则中的结论部分作为新的事实添加到事实库中；重复这一过程，直到没有可匹配的新规则为止。反向推理是由目标到支持目标证据的推理。先假设一个目标成立，然后在知识库中查找结论与假设目标匹配的规则，验证该规则的条件是否存在，若条件存在（与已知事实匹配），则假设成立；否则，把规则的条件部分作为一个新的子目标，重复这一过程，直到所有子目标都被证明成立为止。若子目标不能被验证，则假设目标不成立，推理失败，需重新提出假设目标。由此可见，推理机就如同专家解决问题的思维方式，知识库就是通过推理机来实现其价值的。

　　人机界面是系统与用户进行交流时的界面。通过该界面，用户输入基本信息回答系统提出的相关问题，并输出推理结果及相关的解释等。

　　综合数据库专门用于存储推理过程中所需的原始数据、中间结果和最终结论，往往是作为暂时的存储区。解释器能够根据用户的提问，对结论、求解过程做出说明，因而使专家系统更具有人情味。

　　大部分专家系统研制工作已采用专家系统开发环境或专家系统开发工具来实现，领域专家可以选用合适的工具开发自己的专家系统，大大缩短了专家系统的研制周期，从而为专家系统在各个领域的广泛应用提供条件。

　　专家系统基本结构如图 7-8 所示，其中箭头方向为数据流动的方向。专家系统的基本工作流程是用户通过人机界面回答系统的提问，推理机将用户输入的信息与知识库中各个规则的条件进行匹配，并把被匹配规则的结论存放到综合数据库中，最后，专家系统将得出最终结论呈现给用户。

　　在这里，专家系统还可以通过解释器向用户解释以下问题，即系统为什么要向用户提出该问题（Why），计算机是如何得出最终结论的（How）。

　　领域专家或知识工程师通过专门的软件工具或编程实现专家系统中知识的获取，不断地充实和完善知识库中的知识。

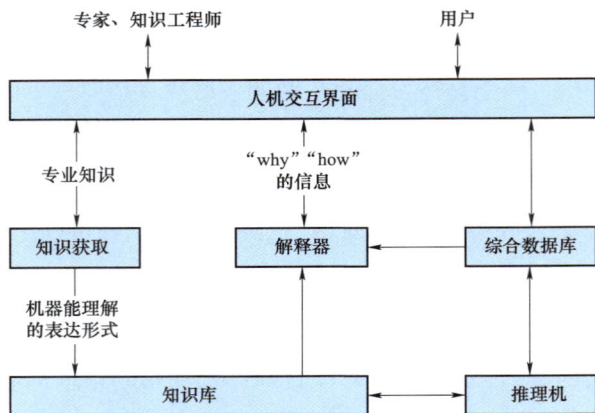

图 7-8　专家系统基本结构

7.4.2　专家系统应具备的功能

根据定义，专家系统应具备以下几个功能：

（1）存储问题求解所需的知识。

（2）存储具体问题求解的初始数据和推理过程中涉及的各种信息，如中间结果、目标、字母表以及假设等。

（3）根据当前输入的数据，利用已有的知识，按照一定的推理策略，去解决当前问题，并能控制和协调整个系统。

（4）能够对推理过程、结论或系统自身行为作出必要的解释，如解题步骤、处理策略、选择处理方法的理由、系统求解某种问题的能力、系统如何组织和管理其自身知识等。这样既便于用户的理解和接受，同时也便于系统的维护。

（5）提供知识获取、机器学习以及知识库的修改、扩充和完善等手段。只有这样才能更有效地提高系统的问题求解能力及准确性。

（6）提供一种用户接口，既便于用户使用，又便于分析和理解用户的各种要求和请求。

在上述功能中，存放知识和运用知识进行问题求解是专家系统的两个最基本的功能。

7.4.3　专家系统的建立

知识是专家系统的核心，专家系统的性能主要取决于它拥有的知识数量和质量。

建立一个专家系统的主要任务是将领域专家的经验知识从专家头脑中提取出来，存入计算机中，这个过程称为知识获取。知识获取的方式分为直接获取和间接获取两类。知识获取的原理框图如图 7-9 所示。图 7-9（a）为直接获取方式的原理框图，从图可知，机器学习系统能直接从数据或案例中自动获取诊断知识。图 7-9（b）为间接获取方式的原理框图。由于间接知识获取是一个艰苦而漫长的过程，延长了专家系统的研发周期，成为专家系统开发中的突出问题，它一般分为两个步骤：

第一步，通过交谈、查阅资料，获取领域知识，并将这些知识形式化，形成规则等表示形式。

第二步，借助知识编辑器将知识输入知识库。

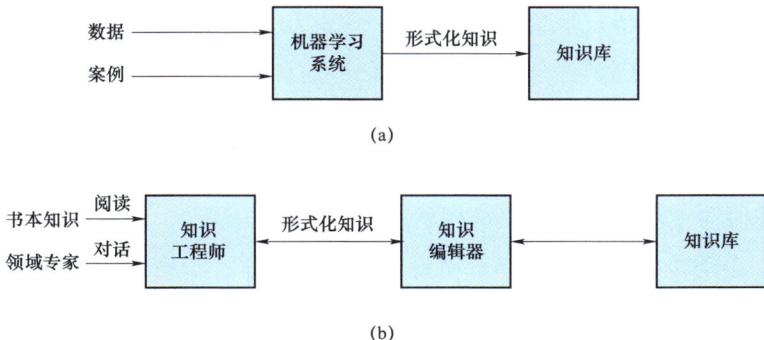

(a)

(b)

图 7-9　知识获取的原理框图
（a）直接获取方式；（b）间接获取方式

第 8 章

断路器机械特性检测新技术

8.1 机械振动检测

断路器机械振动是一个丰富的信息载体，它包含着大量的设备状态信息。机座、外壳上的振动是内部多种受激的反应，这些受激包括机械操作、电动力或静电力作用、局部放电以及 SF_6 气体中的微粒运动等。通过适当的检测和信号处理可找到某些特定现象的状态信息。因此利用振动检测来诊断高压断路器机械系统状态已受到国内外重视。振动信号监测的最大优点是不涉及电气量，传感器装在外部，对断路器本身无任何影响。缺点是在气体中信号衰减太快，对局部放电等微小的振动信号检测有一定的困难。

机械振动方法检测断路器机械状态的特点：

（1）振动传感器的尺寸小、质量轻、工作可靠、价格低。

（2）断路器机械振动的检测信噪比高，但只能操作过程中获取信号，除频繁操作的断路器外，信号量明显不足。

（3）信号不够稳定、重复性有时较差。

（4）振动信号是瞬时非平稳信号，不具有周期性有效信号出现的时间非常短，通常在数十到数百毫秒之间。

（5）振动是由于操动机构内部各构件的受力冲击和运动形态的改变引起的，在断路器的一次操作中，有一系列的构件按照一定的逻辑顺序启动、运动、制动，形成一个个振动波，沿着一定的路径传播，最终到达传感器的是一系列衰减振动波的叠加，不同的结构和不同的运动特性将产生不同的叠加波形。

（6）断路器的机构对振动信号的传递过程是复杂的，冲击（振源）位置与测量位置的变更都会显著地改变实测振动加速度信号的特性。

（7）高压断路器操作过程中的振动具有高加速运动、高强度冲击的特点，其振动信号可以通过加速度传感器获取。

机械振动检测的使用范围：

1）在线监测。

2）临时性监测，如 SF_6 等不宜在现场进行拆卸的断路器，在离线条件下采用外附传感器进行内部状态检测。

8.1.1　机械振动信号的主要特点

断路器的振动信号中蕴含着丰富的机械状态信息，并且振动信号具有传播衰减小，测点选择灵活的优点。高压断路器机械振动信号是一种瞬时、非平稳时间序列，通常认为它是一种多分量信号，机械部件的每一次撞击或者摩擦都会产生一个振动子事件，这些子事件在振动测量点叠加形成了这种混沌的多分量振动信号。振动信号包含的时频特征能反映断路器的机械运行状态。220kV 高压断路器合闸时采集的声音信号与振动信号的比较如图 8-1 所示，图中纵坐标代表传感器的输出电压。

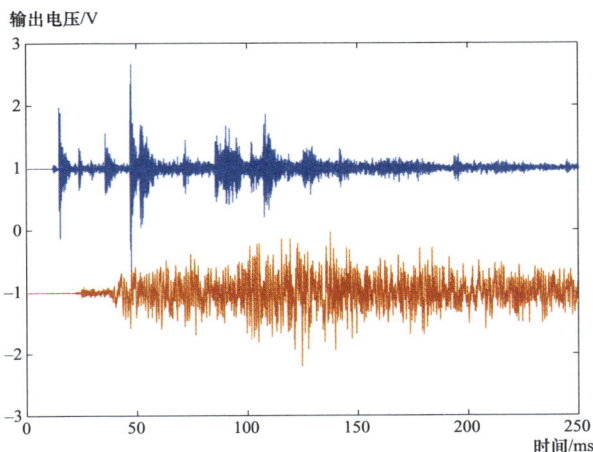

图 8-1　断路器声音信号与振动信号的比较

振动信号的测量属于非入侵式接触测量，相比声音信号，振动信号具有信噪比高、振动信号衰减小，抗干扰能力强，状态信息丰富、能捕捉信号的细微变化等优点；而相比于测量的电流信号，在测量振动信号时，断路器可以在无负荷下关合闸操作，且测量不用入侵断路器内部电路。

8.1.2 振动传感器的选型与安装

振动传感器主要有 3 种，即位移传感器、速度传感器和加速度传感器。相比另外 2 种传感器，加速度传感器适用于中高频测量。断路器振动信号的最高频率超过 10kHz，因而适合用加速度传感器测量。另外，加速度传感器的频率响应范围宽，动态范围大，安装相对方便，因而广泛应用于振动测试，常用于中小型结构的模态试验、汽车试验、旋转机械故障诊断试验和振动控制试验，因此通常选用加速度传感器来测量高压断路器的振动情况。

常见的加速度传感器有压电式加速度传感器和电压型压电集成电路（IEPE）加速度传感器。压电式加速度传感器是一种无源传感器，主要利用压电晶体/压电陶瓷等压电材料的压电效应原理制成。

压电式传感器的输出电信号是微弱的电荷，因此需要与电荷放大器配合使用。而 IEPE 加速度传感器是将压电式加速度传感器与前置放大器集成在一起，正常工作时需要恒流源供电，属于有源传感器。目前，带有数据采集卡的工控机一般都自带恒流源功能，因而可以直接与 IEPE 加速度传感器搭配使用。与压电式加速度传感器相比，IEPE 加速度传感器优势是价格相对便宜，抗干扰性好，适合高压断路器振动加速度信号的采集。

选择加速度传感器时，需要根据断路器的型号和使用场景，确定所需的传感器性能，主要考虑以下几点：

（1）量程。一般机械设备的振动在 $10\sim100g$ 的范围内，断路器分/合闸操作时，振动加速度幅值的大小与传感器的安装位置有关。传感器安装位置离震源近，且与传感器接触部件的刚度和质量小的，测得的振动加速度大，可达 $500g$ 以上；传感器安装位置离震源远，或者与传感器接触部件的刚度和质量大的，测得的振动加速度较小。

（2）谐振频率。振动加速度传感器的固有频率 f_0 可由传感器的惯性质量 M 和刚度 K 计算：

$$f_0 = \frac{1}{2\pi}\sqrt{K/M} \qquad (8-1)$$

传感器的第一阶固有频率称为谐振频率。传感器尺寸越小，谐振频率越高。传感器的谐振频率是传感器测量频率的上限，一般而言，传感器的工作频率范围在其谐振频率的 1/3 以下。此外，传感器的安装刚度对传感器的工作频率范围也有影响。

（3）频响特性。不同加速度传感器有不同的工作频率范围。测量工作频率范围之外的低频信号幅值会衰减，灵敏度低于标称灵敏度，测量高频信号灵敏度会高于标称灵敏度。选择加速度传感器时，传感器的工作频率上限稍高于断路器振动频率即可。某些型号的加速度传感器会自带频率补偿功能，根据测量频率修正加速度幅值，从而拓宽传感器的测量频率。

（4）横向效应。测量某个方向振动时，与该方向垂直方向的振动也会影响传感器的输出信号，称为横向效应。横向效应越弱，传感器性能越好。例如，对于户外瓷柱式高压断路器，如果测量分/合闸过程水平方向的振动，则会受到横向效应的严重干扰。

（5）传感器安装位置。为了得到清晰的振动信号，传感器应尽量靠近可能发生故障的位置，例如断路器分/合闸电磁铁附近和分/合闸脱扣弹簧附近。

（6）安装方式。加速度传感器有多种安装方式，不同安装方式的安装刚度不同，从而影响整个传感器系统的自振频率。安装刚度越大，自振频率越高，能测量的频带越宽。安装时，最好是直接将传感器固定在断路器被测结构上，因为引入其他安装工件（如底座）后，会带来寄生振动。加速度传感器不同安装方式的自振频率如图 8-2 所示，自振频率从左到右依次增高，分别为手持探针、双轨磁铁、扁平磁铁、安装垫、胶粘和螺栓。这几种安装方式里，螺栓连接安装的刚度最大，但螺栓连接需要在结构表面开螺纹孔，是一种有损安装。如果无法准备螺栓连接，宜将黏合剂安装作为备选方案。

传感器安装后，信号传输导线应与断路器固定，同时传感器与导线的接头应紧固连接，测试过程中不能松动。

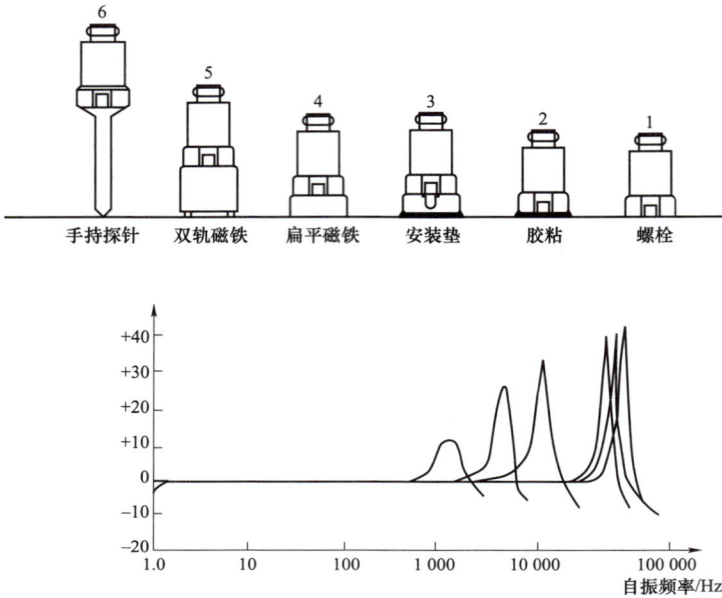

图 8-2 加速度传感器不同安装方式的自振频率

本章选定 PCB 公司的 352B70 和 350B24 两种 IEPE 传感器测量高压断路器的振动加速度，这两种传感器的量程大，可测频带宽，灵敏度高，适合胶粘或螺栓连接。具体性能如表 8-1 所示。由于不具备在测量位置打孔的条件，本章采用将传感器直接胶粘在断路器测量位置的方式。

表 8-1　　　　　　　　　加速度传感器型号及性能

传感器型号	PCB-352B70	PCB-350B24
量程（g）	±5000	
灵敏度（mV/g）（±25%）	1	
频率范围（Hz）（±5%）	0.7~9000	—
频率范围（kHz）（±1dB）	—	0.4~10
频率范围（Hz）（±3dB）	0.4~20 000	—
电动过滤器角频率（kHz）	23	13
谐振频率（kHz）	≥55	≥100

续表

传感器型号	PCB – 352B70	PCB – 350B24
非线性度（%）	≤1	—
横向敏感度（%）	≤7	—
外形		

8.1.3　机械振动信号的分析

断路器的机械振动信号是一种非平稳信号，包含有丰富的故障细节。对提取信号的时域、频域信号的频带和幅值进行分析，能够得出很多有效的结论。现阶段，振动信号的采集技术相对来说已经比较完善，如何对信号进行分析和处理成为研究人员关注的焦点。通过振动信号检测装置采集到的数据是高维的，而与之相对应的机械状态的内在维数通常情况下较低；特征提取是指通过各种方法将采集到的高维数据反映到低维的特征子空间，以提取出特征向量；故障识别是指通过分类器在低维的特征子空间中进行分类。

8.1.3.1　机械振动信号的提取

断路器的动作始于分/合闸电磁铁线圈通电，之后经过一系列部件的联动实现力的传递，释放储能机构的能量，促使动触头运动。整个动作过程中，电磁、机械零部件之间的摩擦和撞击，均可以引发机械振动。对其进行信号测量和信号处理后可得到断路器的机械状态。

振动信号特征提取的研究起始于 20 世纪 80 年代，早期提出了振动事件提取法、频域法、时频幅值法、"状态图"法、动态时间规整法、偏差测试法、指数衰减振荡子波分解法等。21 世纪以后，又引入了短时能量法、细化频谱分析、小波分析、希尔伯特黄变换、积分参数法、分形方法、相空间重构法等。近几年来，研究人员一方面针对断路器振动的特点，对已有的经验模态分解、小波及小波包变换等方法加以优化；另一方面也利用新的信号处理方法，如局部均值分解，经验小波变换等对振动信号进行分析。下面介绍几种主要的振动信号特征提取方法。

（1）小波及小波包分析。小波分析是 20 世纪 80 年代中后期发展起来的一种线性时频分析方法。与傅里叶变换相比，小波分析将无限长度的三角函数基换成了有限长度的会衰减的小波基，因而能将原函数的时间尺度和频率尺度的信息同时表征出来，满足信号时、频局部化的要求。

由小波分析原理可知，小波变换只对信号的低频部分做进一步分解，而对信号的高频部分不再继续分解，因而不能很好地分解和表示信号的细小边缘或纹理信号。小波包分析能够对高频部分提供更精细的分解，应用步骤与小波分析相似，可以对断路器振动信号的中、高频信息进行更好地分析。

振动信号小波及小波包分析过程一般基于以下思路和步骤：首先选择合适的基函数和相应的时间尺度。然后，应用离散小波变换对信号进行分析，得到各尺度上的小波（包）系数。最后，通过分析小波（包）系数的规律寻找振动信号本身的特性。主要包括：

1）直接对小波（包）系数的变化规律进行分析，例如提取部分节点的最大系数作为特征量。

2）采用相应方法对小波（包）系数进行阈值处理，达到成分分离的目的，进而对不同成分进行分析或进行去噪处理。

3）利用小波（包）系数求解一些定量指标，如信息熵、分形计算、奇异性分析等作为特征量。

小波和小波包分析也存在局限性，如何选择合适的基函数是一个难题。基函数选定后，在整个信号分析过程中无法改变，因而从信号全局角度选择的基函数，不一定在信号的局部能取得较好的效果。

（2）经验模态分解。经验模态分解（EMD）于 1998 年首次提出，是一种自适应的频率分析方法，目前已广泛用于非线性非平稳信号的处理分析。EMD将信号中存在的不同尺度下的波动或变化趋势逐级分解，产生一系列具有不同特征尺度的数据序列，每个序列称为一个本征模态函数（IMF）。

截取某弹簧操动机构断路器合闸振动信号进行经验模态分解得到的分解

图，如图 8-3 所示。为方便显示，给予各分解信号不同的偏置。最上部的信号为原始信号，下面是分解得到前 6 阶 IMF，频率逐渐降低。在获取 IMF 后，可以继续使用信息熵法对分解后的信号提取特征量。

边界效应和模态混叠是 EMD 的主要缺陷，影响特征量有效性。集合经验模态分解（EEMD）和互补集合经验模态分解（CEEMD）是 EMD 的两种改进方法。使用 CEEMD，在信号加噪过程中加入正负噪声对来保证信号分解的完备性，比 EEMD 运算效率更高。

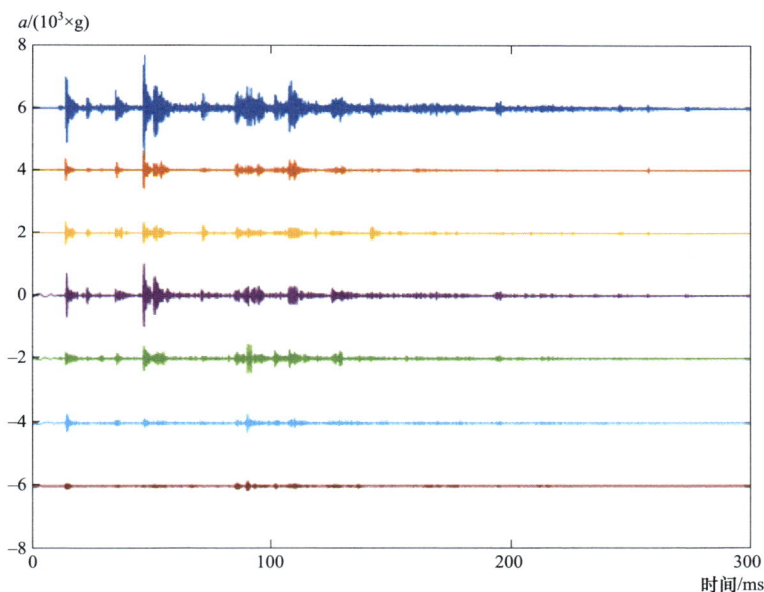

图 8-3 振动信号经验模态分解图

（3）希尔伯特变换取包络法。将信号经过希尔伯特变换后，幅值的连线便是信号的包络。某单一频率信号及其希尔伯特包络如图 8-4 所示，虚线为原信号，实线为包络，包络较好地反映了信号的幅值变化规律。但对非平稳信号而言，直接进行希尔波特变换的效果可能不明显。某振动信号及其希尔伯特包络如图 8-5 所示，上半部分为合闸振动信号的希尔伯特包络，下半部分为原信号取绝对值的波形，由图 8-5 可知两信号的差异不明显。

提取振动波形包络后，可以根据包络直接获取振动事件时间、能量等特征，反映出操动机构的工作状态。其中，用 EMD 处理信号后，进行希尔伯特变换的方法，尤为常见。

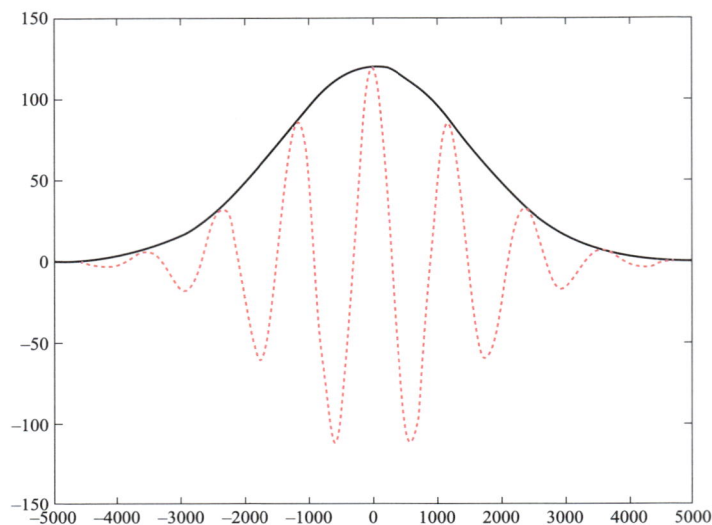

图 8-4　某单一频率信号及其希尔伯特包络

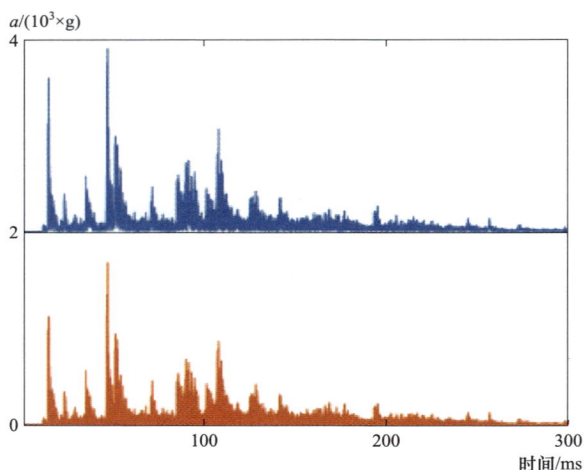

图 8-5　某振动信号及其希尔伯特包络

（4）信息熵法。信息熵是度量表征样本集合纯度最常用的指标。假定当前样本集合 D 中第 k 类样本所占的比例为 P_k（$k=1$，2，$\cdots$，n），则 D 的信息熵定义为：

$$\text{Ent}(D) = -\sum_{k=1}^{n} p_k \log_2 p_k \qquad (8-2)$$

其中，$\text{Ent}(D)$ 的值越小，则 D 的纯度越高。振动信号处理引入信息熵的概念，称为能量熵、特征熵，通常被用来对小波包分解、经验模态分解、局域均值分解、零相位滤波等得到的能量分布进行量化处理，熵的值越小，能量分布越集中，值越大，能量分布越均匀。

（5）局部均值分解。局部均值分解（LMD）是针对 EMD 的不足提出的一种新的自适应非平稳信号的处理方法。LMD 从原始信号中分离出纯调频信号和包络信号，将两者相乘得到一个瞬时频率具有物理意义的乘积函数（PF），迭代处理至所有的 PF 分离出来，便可以得到原始信号的时频分布。与 EMD 方法相比，具有迭代次数更少、抑制端点效应等优点。可将振动信号经过 LMD 分解后，提取希尔伯特包络，取时频信息熵作为特征量。

（6）经验小波变换。经验小波变换（EWT）是 2013 年提出的多分量信号分解方法。该方法通过对原始信号的傅里叶频谱作自适应分割，并在每个分割的区间内采用相对应的小波滤波器，从而构造正交小波滤波器组，进而提取出调幅—调频成分，EWT 能够避免 EMD 容易产生模态混叠及虚假模态的缺点。可使用 EWT 处理信号，提取时频能量熵作为特征量。某信号及其经验小波变换如图 8-6 所示，分别介绍了待处理的信号、用 EWT 对信号傅里叶频谱做自适应分割和最终分解的信号。

8.1.3.2　特征降维与特征筛选

特征降维与特征筛选是处理高维数据的两大主流技术。在很多时候，故障诊断提取到的特征量虽然是高维的，但与故障诊断任务密切相关的也许仅是某个低维分布。特征降维通过数学变换将原始高维属性空间转变为一个低维子空间；而特征筛选直接从给定的特征集合中选择出相关特征子集。特征降维与特征筛选都能减小运算量，降低诊断识别的难度。常用的方法主要有：

（1）Pearson 相关分析可视为特征筛选的方法。通过剔除部分相关性较高的变量，达到简化运算的目的。

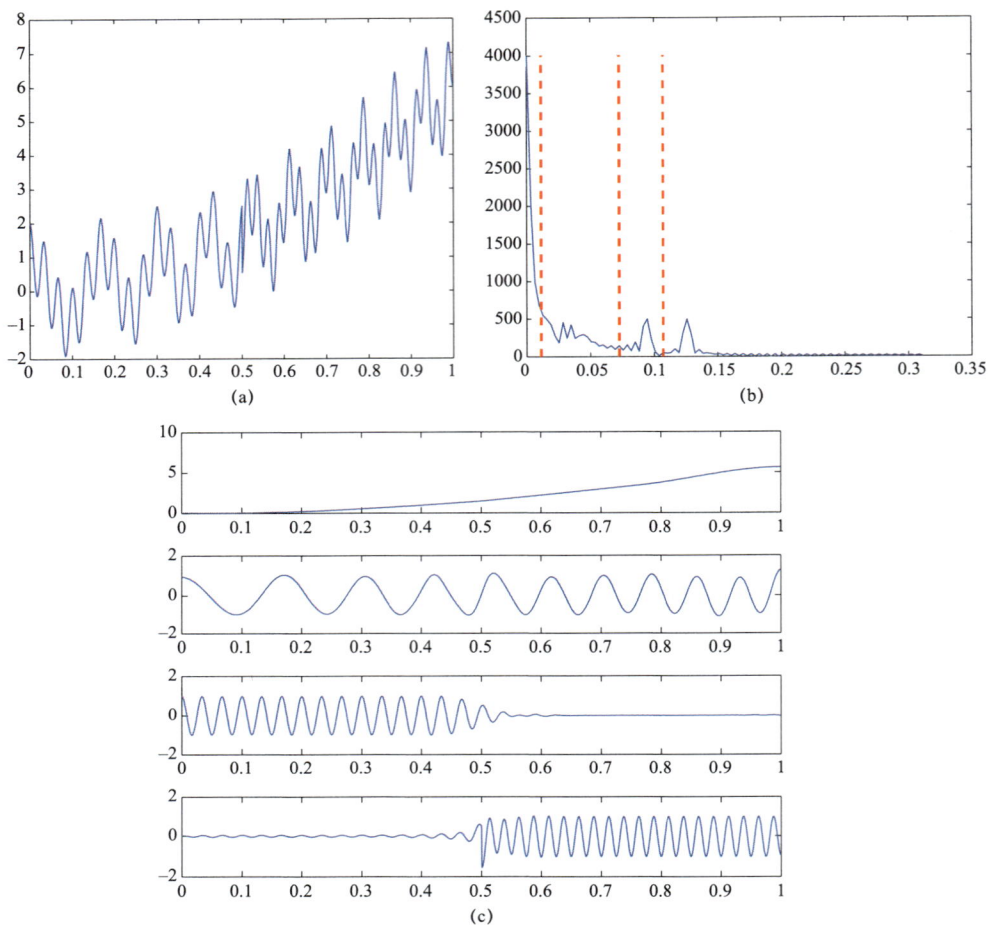

图 8 - 6　某信号及其经验小波变换

（a）待处理的信号；（b）用 EWT 对信号傅里叶频谱做自适应分割；（c）最终分解的信号

（2）主成分分析（PCA）是最常用的一种降维方法。通过寻找一个最优化的特征子空间，使观测数据在此特征子空间下的投影有最大方差。

8.1.3.3　机械振动信号的故障识别

在对断路器的振动信号进行特征提取后，需要对提取到的特征向量进行分析，从而达到故障诊断的目的。目前应用较多的是基于统计或人工智能的故障诊断系统，通过对已有故障系统的特征和待诊断系统的特征进行比较，发现其异同，从而达到故障诊断的效果，如支持向量机和人工神经网络等。

（1）支持向量机。支持向量机（SVM）建立在统计学习理论和结构风险最小原理基础上，通过核函数将低维空间中的非线性问题变为高维空间中的线性问题。支持向量机在解决小样本、非线性识别中表现出很多优势。支持向量机算法的分类效果受核函数的影响，将数据序列通过核函数映射至高维特征空间，然后对其进行分类，适用于二分类问题。SVM 算法的置信区间较小，适用于对小样本进行分类，而断路器工作在正常状态时，分/合闸动作次数较少，属于小样本分类问题，因此可采用 SVM 算法对其进行分析。

目前支持向量机主要有"一对一""二叉树"、单类支持向量机等方法。"一对一"算法，分类精度较高，但训练复杂，存在分类盲区；"二叉树"分类，效率较高，但子分类器在二叉树中的排列次序对整个分类系统的性能有一定影响；单类支持向量机，将正常状态外的情况都判断为故障状态，对轻微故障的识别更加准确，但也可能将正常情况错判为故障状态。

（2）人工神经网络。人工神经网络具有良好的容错性和非线性特性，被广泛应用于故障识别领域。运用反向传播（BP）神经网络训练振动信号特征量样本，识别正确率较高；径向基函数神经网络在逼近能力、分类能力、学习速度方面占优，适合多变量函数逼近；研究人员常用粒子群算法等训练神经网络以更好地逼近全局最优。神经网络的缺点是需要较大的训练样本，容易陷入过学习和局部最优，导致识别能力下降。

8.2　图　像　检　测

8.2.1　图像检测基本原理

（1）断路器操动机构动作特点。断路器操动机构整体机械结构较为复杂，若对整个机构的各个部件的运动特征进行同时获取，用以分析断路器机械特性参数显然难度很大，甚至是不能完成的。基于上述原因，以解决问题（获取操动机构的动作特征）为目的，抓主要矛盾，从断路器操动机构动作的整个流程进行分析可以看出：断路器动触头的动作是通过操动机构金属拉杆、旋转轴等一系列传动机构的带动实现的，由于整个操动机构所有部件都采用刚性连接，各个部件间的运动关系通过几何尺寸、连接关系都已确定，因此对于操动机构动作的运动特征获取，只需要任意选取发生动作的某一部件，通过分析该部件动作的运动特征，即可反映出整个断路器操动机构的运动特征。

通过对断路器操动机构机械结构的分析可以看出，操动机构动作时，可将其部件的运动分为平面直线型运动、平面转动型运动；在设置特征点时，平面直线运动型只需设置一个特征点即可得到运动特征；对于平面转动型部件，最少需要两点，动作时转轴转动，通过检测两点连线的角度变化才能得到其运动。断路器操动机构平面转动型部件标志实物如图 8-7 所示。

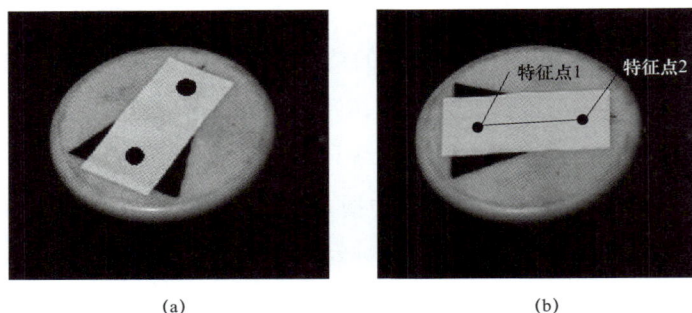

(a)   (b)

图 8-7　断路器操动机构平面转动型部件标志实物图
（a）起始状态标志物位置；（b）动作后标志物位置

操动机构中平面直线型的金属拉杆与平面转动型的转轴位置明显，便于进行图像采集；但从图像分析的角度上，由于图像处理过程中由于现场试验条件以及所采集图像会发生畸变等原因，对特征点的定位都会产生不同程度的误差，对于平面转动型机构设置标志物，需要对两个特征点进行定位，相对于单个特征点，对两个特征点定位检测时，在检测特征点位置时，两个特征点都存在一定的误差，使得误差产生累积，进一步降低了测量精度。从操动机构的动作过程可以看出，金属拉杆的平面运动可以简化为平移运动，利用理论力学相关知识，金属拉杆的平移运动可以视为刚体的平移运动，对刚体平移运动特征分析可以简化为点的平面运动特征分析。

通过上述分析可以看出，断路器操动机构动作的运动特征，可以用一个点的运动来代替，只需研究该点的运动特征，就可以得到操动机构的动作特征。

（2）图像匹配技术。图像匹配技术的作用为，图像识别系统将高速摄像机拍摄的图像中信息提取并加以分析并展示被测对象的行程、速度特性。其核心功能是确定标点在图像中的位置。目前较为常用的图像匹配技术有相关匹配算法、NCC 算法与神经网络算法。

1）相关匹配算法。相关匹配算法的基本思想是将标点及周围的区域存储为目标模板，作为识别和检测目标位置的依据，用目标模板与图像中各子区域按照一定的相似性度量准则进行匹配，找出与目标模板最相似的一个子区域，即可认为是标点的当前位置。相关匹配算法无须对图像进行分割和特征提取，只在原始图像数据上进行运算，从而保留了图像的全部信息，可以用于复杂环境场景中的目标追踪。相关匹配算法的具体工作流程如下：

① 初始化获得第一帧的目标图像；

② 对追踪目标进行特征模板的建立，包括对追踪目标进行差分高斯滤波，滤除图像中的低频干扰成分，弱化了图像内部数据之间的相关性，保留下可匹配的特征，对滤波算子进行补零运算；

③ 获取下一帧的图像；

④ 频域变换，在频域中采用差分高斯滤波滤除图像的低频干扰成分，与特征模板共轭相乘，实现追踪目标与背景的互相关运算，进行 FFT 反变换，直接搜索运算结果中实部的峰值位置就是所追踪目标的位置；

⑤ 输出目标位置；

⑥ 对定位目标进行双重相似度检测，通过当前模板和历史模板与背景区域相似度来判断是否需要更新模板，如不需要更新则进行形心修正等操作，继续下一帧图像的计算，否则对模板进行更新，重新确立图像的特征模板即形心修正。

2）NCC 算法。NCC 算法用一个相关值来表示两张图之间的相似程度，是一种寻找图像中特定目标的匹配算法，相关值 NCC 的计算如下：

$$N(a,b) = \frac{\sum\limits_{i=1}^{r}\sum\limits_{j=1}^{s}[G(i+a,j+b)-\bar{G}(i+a,j+b)][T(i,j)-\bar{T}(i,j)]}{\sqrt{\sum\limits_{i=1}^{r}\sum\limits_{j=1}^{s}[G(i+a,j+b)-\bar{G}(i+a,j+b)]^2}\sqrt{\sum\limits_{i=1}^{r}\sum\limits_{j=1}^{s}[T(i,j)-\bar{T}(i,j)]^2}} \quad (8-3)$$

式中：

$$\bar{T}(i,j) = \left[\sum_{i=1}^{r}\sum_{j=1}^{s}T(i,j)\right]/(r\times s)$$

$$\bar{G}(i+a,j+b) = \left[\sum_{i=1}^{r}\sum_{j=1}^{s}G(i+a,j+b)\right]/(r\times s)$$

如图 8-8 所示，原始图像记为 G，有 $R\times S$ 个像素；模板图像记为 T，大小是 $r\times S$；模板图像 T 在原始图像 G 中，以从左往右、从上往下的顺序滑动。当 T 的左上角顶点坐标为（a，b）时，模板图像 T 中的点 $T(i,j)$ 对应 G 中的点为 $G(i+a,j+b)$。通过上式计算出 T 与其覆盖下 G 中子图像的相关值，当 T 历遍 G 得到所有相关值，其中最大值对应的子图像即为目标图像。

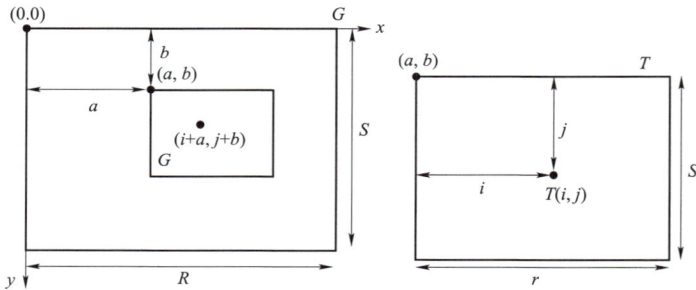

图 8-8　*T* 在 *G* 中逐一滑动匹配示意图

3）神经网络算法。人工神经网络（artificial neural network，ANN）是近几年开始应用于图像模式识别的一种重要的工具和方法，可以理解为一个由大量类似于生物神经系统的简单计算处理单元（神经元）构成的非线性动力学系统。人工神经网络在不同程度和层次上对人脑神经系统的信息处理、存储和检索等功能进行了模仿，并且具备学习、记忆和计算的能力。人工神经网络在模式识别问题上，相比其他传统方法的优势大致可以总结为 3 点：①要求对问题的了解少；②可对特征空间进行较为复杂的划分；③适合于用高速并行处理系统来实现。

　　BP 神经网络为一种较为稳定的常用于图像识别的神经网络结构。它是一种单向传播的多层前馈网络，因为其通过不断比较网络的实际输出与期望输出的差异从网络的输出层到输入层反向调整网络权值，随着这种误差逆的传播修正不断进行，网络对输入模式响应的正确率也不断上升，当网络能够正确识别出全部样本时（这里认为当网络能够正确识别出所有样本时近似达到全局最小）停止调整网络权值，结束训练。这种误差逆向传播的学习算法称为 BP 算法，以这种算法进行学习的前馈神经网络称为 BP 网络。在实际使用当中，常常设定一个阈值，当网络收敛到小于此阈值时停止训练，BP 神经网络结构如图 8-9 所示。

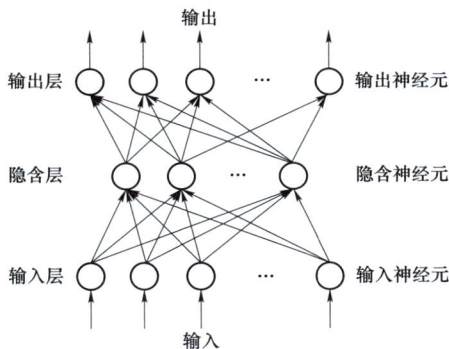

图 8-9　BP 神经网络结构

8.2.2　图像检测结果分析

　　将断路器操动机构的动作特点与图像匹配技术结合，即可绘制出断路器的分/合闸时的速度—时间曲线与行程—时间曲线。图像检测法的原理基本相同，仅仅是图像匹配技术不同，不同的图像匹配技术不影响最后的检测结果。

　　以 NCC 图像匹配技术为例，目标模板的选择为具有灰度特征的结构部位，选定具有明显灰度特征的主轴拐臂圆孔作为运动识别目标，如图 8-10（a）所示。将图像中包含主轴拐臂的观测窗口设置为感兴趣区域（ROI）。目标以主轴为圆心沿圆弧运动，某时刻的运动位置、初始位置 A 与圆心连线的夹角 θ 即为旋转角,如图 8-10(b)所示。图 8-10 中 B 为最大速度位置,C 为最大位移点,D 为运动结束位置。

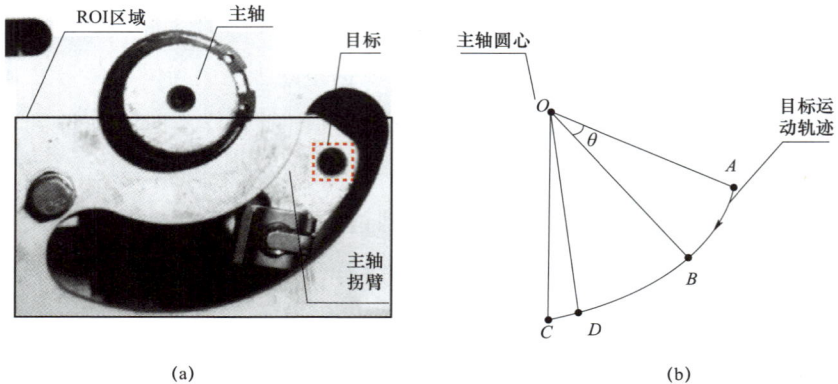

(a)　　　　　　　　　　　　　　　　(b)

图 8-10　断路器图像及运动轨迹示意图

(a)断路器合闸状态图像;(b)目标旋转角度

断路器分闸高速图像序列中,动触头运动位置 体现在目标旋转角的不同,利用前述 NCC 算法识别运动目标位置,得到反映运动特性的四帧标志性图像,合闸状态动触头静止帧、分闸最大速度帧、分闸最大位移帧和分闸结束帧,如图 8-11 所示。

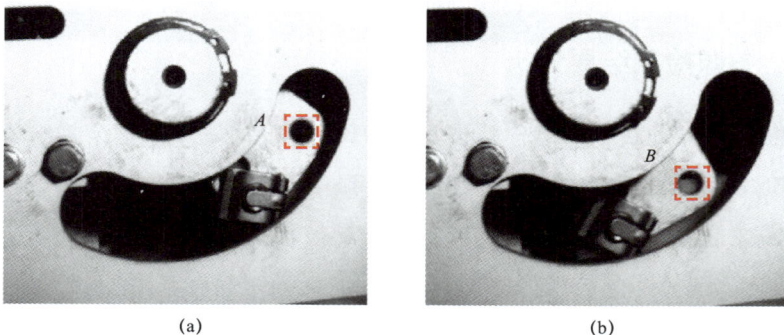

(a)　　　　　　　　　　　　　　　　(b)

图 8-11　断路器分闸四个标志帧识别图(一)

(a)合闸状态动触头静止帧;(b)分闸最大速度帧

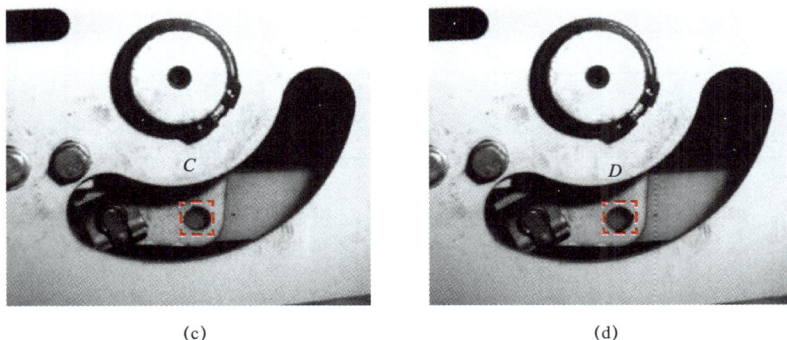

图 8-11　断路器分闸四个标志帧识别图（二）

（c）分闸最大位移帧；（d）分闸结束帧

由各帧图像目标中心坐标及计算出的旋转角，可绘制出目标运动轨迹、速度—时间曲线和行程—时间曲线，如图 8-12 所示。目标从图 8-12（a）中 A 点开始运动，到 B 点时速度最大，达到最大位移点 C 时发生分闸弹跳，最终在 D 点静止，弹跳过程如图 8-12（c）中 CD 段旋转角所示。目标运动旋转角变化实则反映主轴的转动特性，与动触头运动参数相关联。

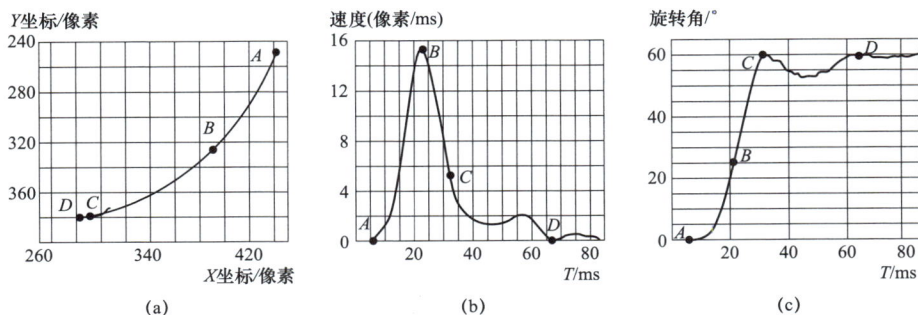

图 8-12　断路器分闸测试结果

（a）目标运行轨迹；（b）速度—时间曲线；（c）行程—时间曲线

由图 8-12 中的各关键点位置可计算获得 4 个标志帧的机械特性参数，如表 8-2 所示。

表 8-2   **4 个标志帧的机械特性参数**

图中点位	帧	帧的序号	历时（ms）	运动速度（像素/ms）	旋转角/（°）
A	运动开始帧	315	0.0	0.0	0.0
B	速度最大帧	375	17.1	15.2	25.0
C	位移最大帧	414	28.3	3.8	60.2
D	运动结束帧	543	65.1	0.0	59.6

      结果表明基于图像检测法对识别断路器机械特性是一种"非接触式"测试新方法，可用于断路器带电测试和在线机械状态辨识，具有广阔应用前景。

第 9 章

典 型 案 例

9.1 典型检测案例

9.1.1 电磁铁卡涩

（1）情况说明。某台断路器三相分闸动作电流波形如图 9-1 所示，从图中可以明显看到，B 相换向阀在脱扣过程中，卡涩加剧。

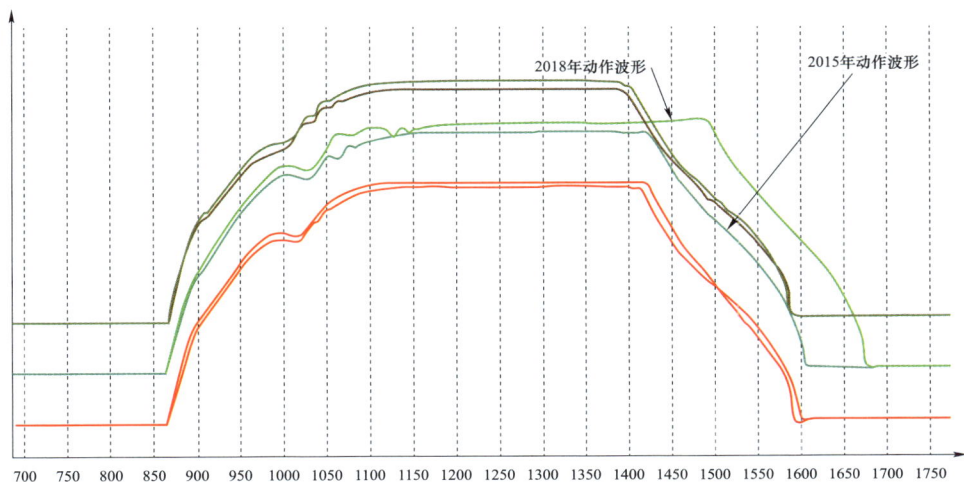

图 9-1 三相分闸动作电流波形

（2）检测结果分析。断路器在静置 3 年后，B 相首次动作时，换向阀脱扣过程卡涩加剧，存在明显劣化趋势，导致 B 相辅助开关切换时间较 A 相及 C 相增加约 10ms。现场通过对 B 相阀芯进行更换，同时对其他两相阀体的清洁后，故障情况消失。

（3）措施建议。电磁阀阀芯卡涩时，应及时进行更换。同时在检修期间，增加对电磁阀的检查，如润滑油的泄漏、杂质侵入。

9.1.2　辅助开关存在异常

（1）情况说明。某台断路器多次分闸动作的线圈电流波形如图 9-2 所示。从图中可以明显看到，辅助开关在切除回路时，存在明显的"拉弧"现象。

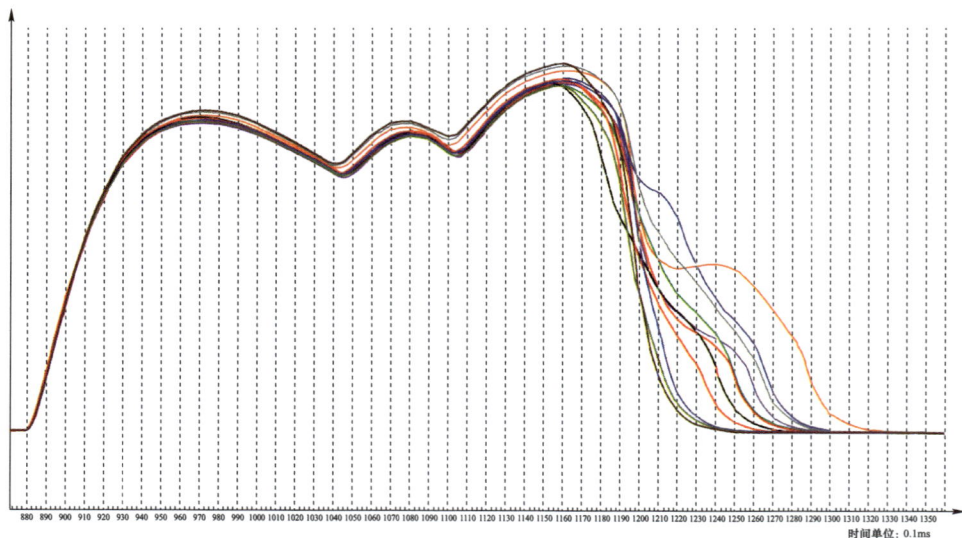

880 890 900 910 920 930 940 950 960 970 980 990 1000 1010 1020 1030 1040 1050 1060 1070 1080 1090 1100 1110 1120 1130 1140 1150 1160 1170 1180 1190 1200 1210 1220 1230 1240 1250 1260 1270 1280 1290 1300 1310 1320 1330 1340 1350

时间单位：0.1ms

图 9-2　多次分闸动作的线圈电流波形

（2）检测结果分析。根据现场多次动作后波形进行分析，判断是辅助开关的接点存在松动，并且辅助开关在多年运行后，接点上存在部分污垢，导致波形在稳态区间出现了"拉弧"现象。

（3）措施建议。对松动的部分进行紧固处理，同时清洁污垢。定期加强对辅助开关的巡视。

9.1.3　分闸脱扣及辅助开关切断异常

（1）情况说明。某 220kV 变电站 220kV 组合电器例行检修，其断路器三次分/合闸回路电流波形如图 9－3 和图 9－4 所示。

1）合闸波形及参数，如图 9－3 和表 9－1 所示。

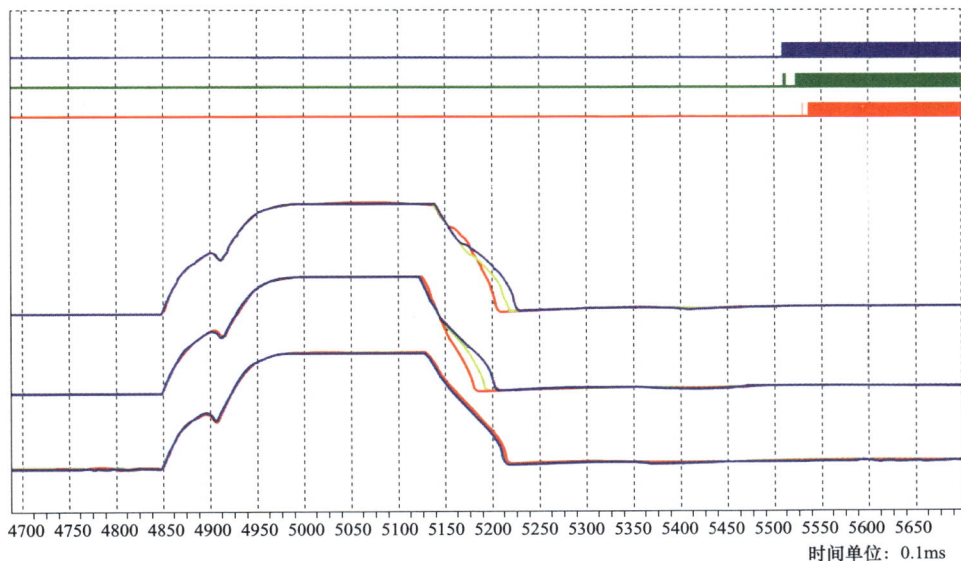

时间单位：0.1ms

图 9－3　合闸动作波形

表 9－1　　　　　　　　合　闸　电　流　参　数

波形名称	相数	铁芯启动时间 T_1（ms）	脱扣完成时间 T_3（ms）	辅助开关切换时间 T_5（ms）	铁芯启动电流 I_d（A）	线圈稳态电流 I_w（A）	合闸时间（ms）	三相不同期性（ms）
20190510110711_C（红）	A	5.50	6.40	28.60	0.79	1.49	67.10	3.10
	B	5.50	6.6	27.71	0.85	1.56	67.00	
	C	4.90	5.80	28.00	0.74	1.54	70.10	
20190510110907_C（黄）	A	5.40	6.40	28.79	0.80	1.49	66.85	3.10
	B	5.40	6.50	27.39	0.84	1.56	67.20	
	C	4.80	5.90	28.03	0.75	1.54	69.90	
20190510111047_C（蓝）	A	5.30	6.40	29.00	0.80	1.49	66.85	3.90
	B	5.40	6.50	27.30	0.84	1.56	67.73	
	C	4.60	5.80	27.90	0.75	1.54	70.10	

通过三次合闸动作波形及数据对比，可以看出：

① A 相和 B 相合闸时间基本一致，C 相合闸时间较长，同期达到要求的上限；

② C 相辅助开关合闸切断一致性较高，A、B 两相辅助开关合闸切断一致性较差；

③ 三相不同期性满足技术要求，但接近合格范围下限；

④ 三相合闸参数符合技术要求。

2）分闸波形及参数，如图 9-4 和表 9-2 所示。

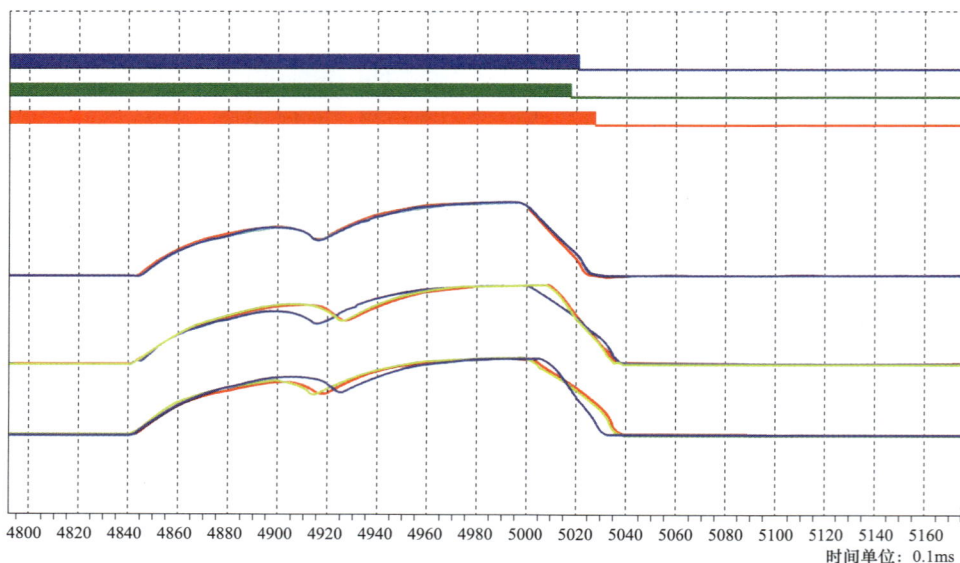

时间单位：0.1ms

图 9-4 分闸动作波形

表 9-2　　　　　　　　分 闸 电 流 参 数

波形名称	相数	铁芯启动时间 T_1（ms）	脱扣完成时间 T_3（ms）	辅助开关切换时间 T_5（ms）	铁芯启动电流 I_d（A）	线圈稳态电流 I_w（A）	分闸时间（ms）	三相不同期性（ms）
20190510110803_O.mo	A	5.90	7.40	15.50	0.72	1.06	17.90	
	B	6.20	8.50	16.50	0.85	1.13	17.62	1.0
	C	5.50	7.50	15.90	0.75	1.09	18.66	
20190510110939_O.mo	A	5.80	7.30	15.60	0.71	1.05	17.80	
	B	6.80	8.40	16.78	0.84	1.13	17.59	1.1
	C	5.60	7.50	15.80	0.75	1.10	18.60	

续表

波形名称	相数	铁芯启动时间 T_1（ms）	脱扣完成时间 T_3（ms）	辅助开关切换时间 T_5（ms）	铁芯启动电流 I_d（A）	线圈稳态电流 I_w（A）	分闸时间（ms）	三相不同期性（ms）
20190510111505_O.mo	A	5.70	7.30	15.40	0.71	1.06	17.71	
	B	6.10	7.50	15.80	0.75	1.11	17.60	1.0
	C	6.60	8.40	16.50	0.82	1.09	18.51	

通过三次分闸动作波形及数据对比，可以看出：

① A 相分闸一致性较高；

② B 相和 C 相分闸脱扣位置一致性较差，辅助触点切断位置一致性较差；

③ 三相分闸同期性符合技术要求；

④ 三相分闸时间符合技术要求。

（2）检测结果分析。

1）C 相合闸时间偏大，三相同期性偏差接近下限。

2）B 相和 C 相分闸脱扣位置一致性较差。

3）辅助开关切断位置一致性较差。

（3）措施建议。

1）对 B 相和 C 相分闸电磁铁及相关零部件进行清污并润滑。

2）对分闸回路辅助开关进行检查，定期进行紧固并清理污垢，避免造成线圈烧毁事故。

9.1.4　断路器触头烧蚀

（1）情况说明。某断路器 A 相动态电阻测试图如图 9-5 所示，可见断路器合闸时间点 100ms，断路器动触头稳定时间约在 150ms，后对断路器的 B 相进行动态电阻测试，B 相的动态电阻与 A 相的波形相同。

某断路器 C 相动态电阻测试图如图 9-6 所示，可见断路器在合闸超程阶段，接触电阻波动较大。相对 A 相接触电阻光滑波形，推测断路器 C 相触头应存在较严重的烧蚀情况。

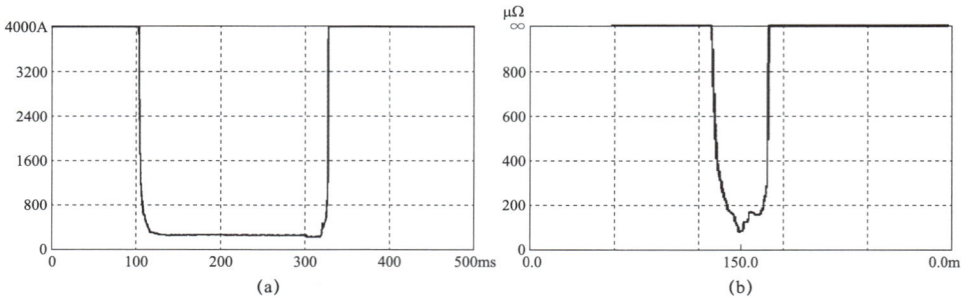

图 9-5 某断路器 A 相动态电阻测试图

（a）A 相动态电阻与时间波形图；（b）A 相动态电阻与动触头行程波形图

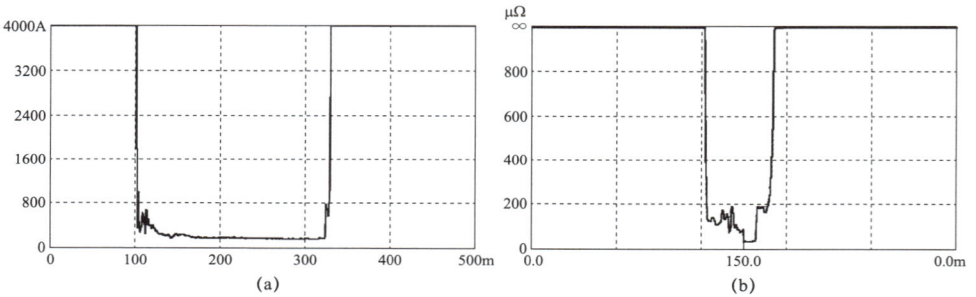

图 9-6 某断路器 C 相动态电阻测试图

（a）C 相动态电阻与时间波形图；（b）C 相动态电阻与动触头行程波形图

（2）检测结果分析。经对断路器解体，断路器 C 相断口确实存在较严重的烧蚀情况，如图 9-7 所示。

图 9-7 C 相触头烧蚀图

9.2　典型缺陷及故障案例

9.2.1　断路器合闸不到位缺陷

（1）情况说明。检修人员对某 220kV 变电站 3 号主变压器 103 断路器进行例行试验时发现开关合闸时间、接触电阻值超出厂家标准范围，且断路器在合闸弹簧储能过程中二次合闸，此时断路器才合闸到位，危急缺陷。103 断路器型号为 LW36 - 126（W）/T3150 - 40，结构如图 9 - 8 所示。

图 9 - 8　103 断路器结构

（2）检测结果分析。例行试验时异常数据如表 9 - 3 所示，合闸时间三相均为 91ms 左右，超出厂家标准范围上限 78ms，接触电阻值为 80μΩ左右，超出了厂家标准范围上限 35μΩ，结合此后储能过程中断路器二次合闸的现象，判定断路器在给出合闸指令后，执行了合闸操作，动静触头发生了接触，但因合闸弹簧能量不足，造成动触头未到位，在合闸后合闸弹簧储能过程中断路器二次合闸，此时动触头运动到位。

分析原因为弹簧质量存在缺陷，合闸弹簧长时间保持储能状态产生了弹性疲劳，首次合闸时输出功率不足导致合闸不到位。

表 9-3　　　　　　　　　　　　例行试验时异常数据

项目	单位	标准	A 相	B 相	C 相
合闸时间	ms	62～78	91.7	91.2	91.3
分闸时间（1）	ms	≤40	23.4	24.1	24.2
分闸时间（2）	ms	—	—	—	—
接触电阻值	μΩ	≤35	80	81	80
合闸不同期最大值	ms	≤3	0.5		
分闸不同期最大值（1）	ms	≤2	0.8		
分闸不同期最大值（2）	ms	—	—		

（3）措施建议。厂家技术人员共同对 103 断路器机构合闸弹簧进行拆除，底部加装垫片 1 片，如图 9-9 所示，压缩合闸弹簧自然状态和压缩状态时的长度，增加合闸功，弹簧恢复后缺陷消除，设备检修后正常检测数据如表 9-4 所示。

(a)　　　　　　　　　　　　　　　　(b)

图 9-9　合闸弹簧
（a）机构合闸弹簧疲劳；（b）加装垫片

本次缺陷表明通过断路器机械特性检测能够发现断路器机构中存在的缺陷和隐患，今后试验中应严格按照状态检修要求，全面开展设备的各项例行试验。

表 9 – 4　　　　　　　　　　　设备检修后正常数据

项目	单位	标准	A 相	B 相	C 相
合闸时间	ms	62～78	68.5	70.2	69.7
分闸时间（1）	ms	≤40	23.4	24.1	24.2
分闸时间（2）	ms	—	—	—	—
接触电阻值	μΩ	≤35	30	31	30
合闸不同期最大值	ms	≤3	0.5		
分闸不同期最大值（1）	ms	≤2	0.8		
分闸不同期最大值（2）	ms	—	—		

9.2.2　弹簧疲软引起的行程不到位缺陷

（1）情况说明。某台断路器三相合闸的行程波形如图 9 – 10 所示。从图 9 – 10 中可以明显看到，三相存在行程不到位的情况。

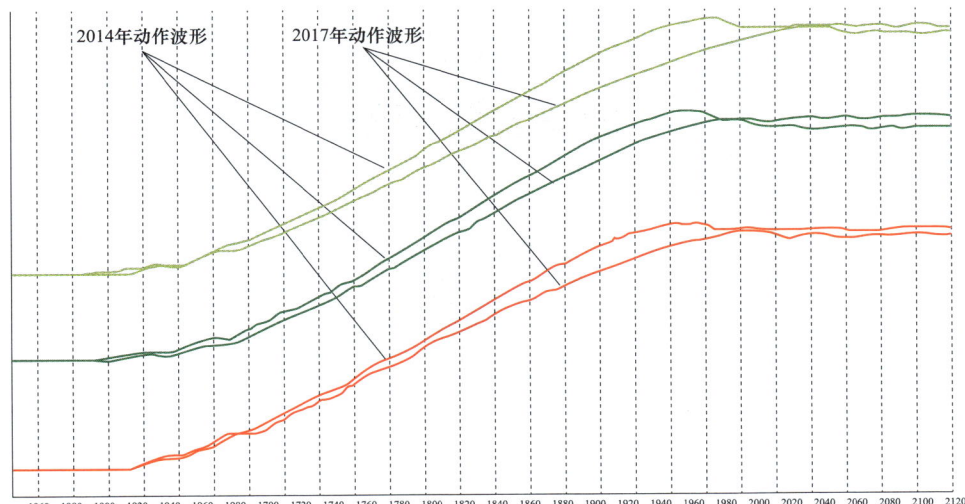

图 9 – 10　三相合闸的行程波形

（2）检测结果分析。2014 年检测得到的三相行程速度分别为 3.35、3.32、3.34m/s。在 2017 检测得到的三相行程速度分别为 2.75、2.85、2.84m/s。

根据动作波形数据，可以明显地看出 2017 年检测的行程速度的数值较 2014 的数值有大幅的下降。现场在进行问题排查后，确认是由于现场合闸弹簧长期处于受力，受材质及机构连接件影响，合闸时功力量变小，致使行程未合到位。

（3）措施建议。检查弹簧螺母的紧固情况、螺母与定位杆的距离，对轴承、齿轮以及弹簧筒等摩擦处增加润滑。

9.2.3　断路器无法合闸故障

（1）情况说明。某特高压变电站按照检修计划在对某 1100kV 断路器开展断路器机械特性试验时出现 A 相断路器无法合闸的异常现象。经现场检查判断为液压弹簧操作的液压控制模块损坏造成，现场更换液压控制模块后故障排除。

对故障的操动机构控制模块解体检查发现固定在阀体上的自保持（压力平衡）螺钉脱落在阀体内部，如图 9－11 所示。

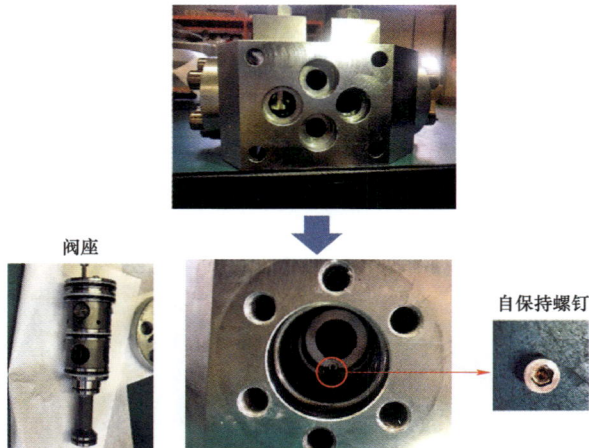

阀座

自保持螺钉

图 9－11　控制模块解体情况

（2）检测结果分析。该二级阀结构剖视图如图 9－12 所示，二级阀内部有一个自保持油路，该油路的一端与二级阀杆最左端的 A1 腔相通，另一端通过

自保持螺钉的 $\phi 0.5mm$ 孔与阀体 Z 通道相通。自保持油路使得合闸状态时 A1 腔与 Z 通道始终处于压力平衡状态，防止因 A1 腔油压可能出现的降低而造成二级阀杆及活塞杆慢分。

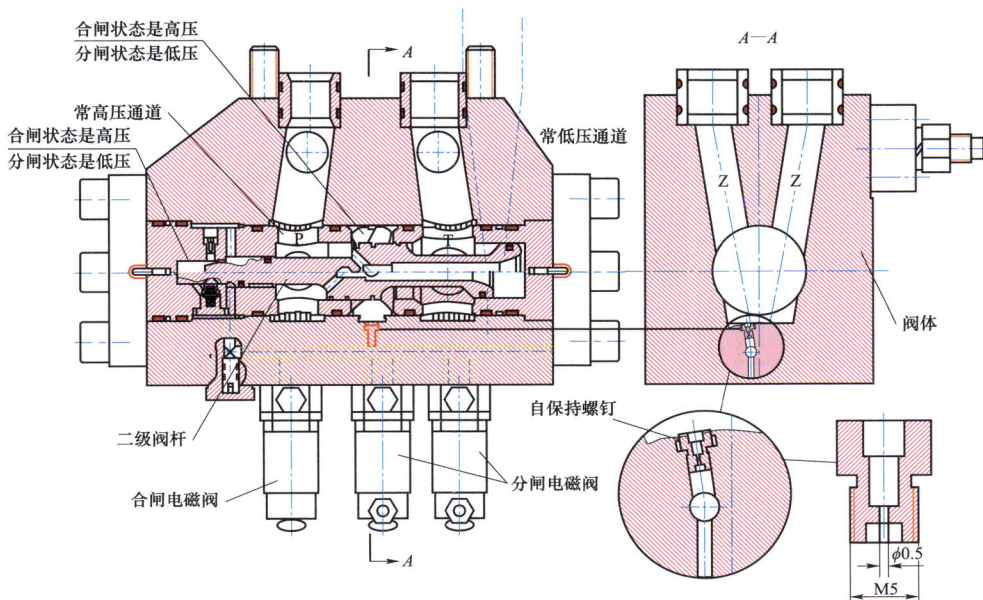

图 9-12　二级阀结构剖视图

当机构处于分闸位置时，A1 腔与 Z 通道均为低压。当进行合闸操作时，A1 腔由低压换成高压，此时虽然 A1 腔与 Z 通道相通，但是由于"自保持螺钉"的导通孔极小（直径 $\phi 0.5mm$），由一级阀供给到 A1 腔的高压油体积远远大于从自保持螺钉泄漏到 Z 通道的液压油体积，因此，二级阀杆在压差的作用下换向到合闸位置，此时 Z 通道转换成高压油（与 P 通道相通），工作模块的活塞杆在压差作用下带动断路器合闸。

如果自保持螺钉出现了脱落，失去了自保持螺钉的小孔节流，A1 腔与 Z 通道直接导通，当进行合闸操作时，进入到 A1 腔的高压油直接从自保持油路泄到低压（Z 通道）。因 A1 腔的高压无法建立，所以二级阀杆不会向合闸方向运动。该缺陷的外在表象与现场实际合闸异常状态相吻合，机构既无法合闸，同时又有内部泄漏的声音。

9.2.4 分/合闸线圈检出弹簧机构分闸缺陷

（1）情况说明。某型号断路器监测中发现分闸线圈电流异常。经目测检查发现机构 7 字拐臂表面与脱扣器转轴存在严重摩擦痕迹，如图 9 – 13 所示，初步判断与脱扣器转轴有碰撞（正常情况下不应出现）。

图 9 – 13　机构 7 字拐臂表面与脱扣器转轴

解体后发现支撑脱扣器轴承已出现严重损坏。维修前后照片如图 9 – 14 所示。维修后线圈电流波形如图 9 – 15 所示。

（a）　　　　　　　　　　　　　　　　（b）

图 9 – 14　维修前后照片

（a）维修前；（b）维修后

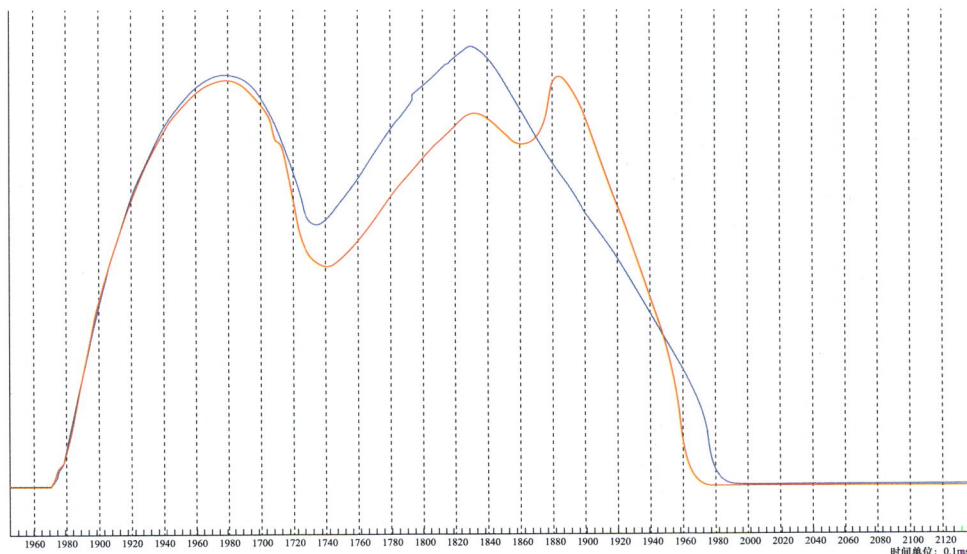

图 9 – 15　维修后线圈电流波形

（2）检测结果分析。从线圈电流波形上看到，$t_1 \sim t_3$ 区间出现严重的波形畸变，说明操动机构的脱扣过程出现严重卡涩，设备解裂的结果也验证了这个结论。

9.2.5　弹簧机构合闸烧线圈事故

（1）情况说明。故障原始状态如图 9 – 16 所示，即未操动机构并按指令完成上一次的合闸。此时断路器仍处于"分闸"状态。正常状态下，当断路器处于分闸状态时，合闸挚子应扣接在合闸半轴中，形成锁扣。此时，脱扣板由于半轴与合闸挚子的摩擦力不能灵活运动。只有当得到合闸指令时，合闸电磁铁顶杆向外运动，使得合闸锁闩解扣后，合闸脱扣板才能灵活转动。

故障状态下，尽管断路器处于分闸状态，用手指扳动合闸脱扣板，处于解锁状态。这说明在之前的合闸操作时，合闸半轴与挚子已经解锁，但操动机构由于传动环节卡死，导致操动机构未能完成后续动作，并导致拒合。由于合闸操动机构未能执行完动作，辅助开关未能及时切断合闸电流，326 间隔断路器合闸线圈烧毁。

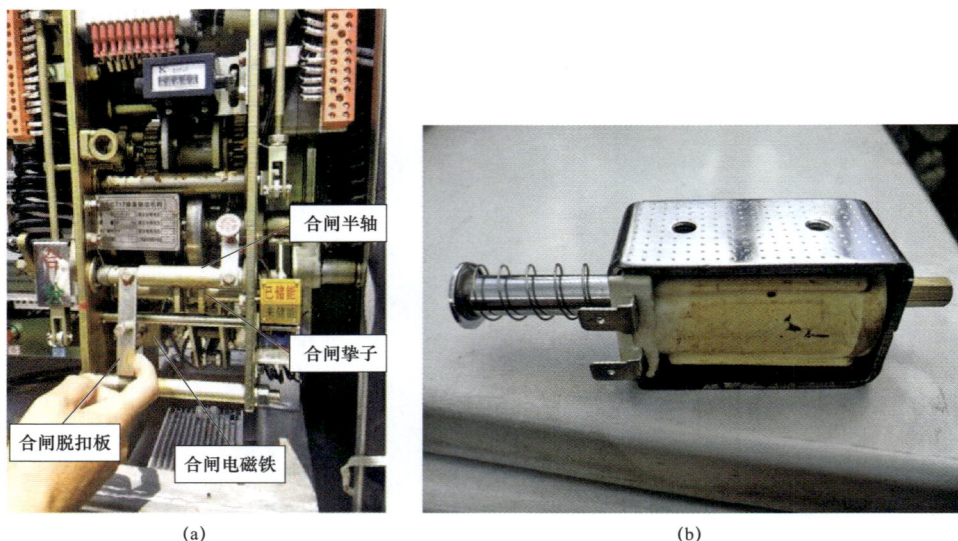

图 9－16　设备故障原始情况

（a）现场保留故障状态；（b）烧毁的合闸电磁铁

（2）检测结果分析。ZW30B－40.5 断路器所使用的弹簧机构 CT17 的装配图如图 9－17 所示。根据图 9－17 中显示的操动机构示意，对该机构的机械原理进行分析，以期对故障发生的机理进行深入分析。图 9－17 中红色部分圈出的部位为故障发生的部位。

图 9－18 中断路器状态为分闸状态，已储能。在储能弹簧的作用下，储能轴（零件 13）上存在转动力矩 M1；M1 使凸轮有顺时针旋转的趋势。凸轮上的滚轮在图中点 C 与合闸挚子接触。图 9－18 中线段 AB 为合闸挚子转轴与滚轮中心的连线，BC 与 AB 存在夹角，所以储能簧在合闸挚子上由于压力 F2 的存在产生了转动力矩 M2。但这时，由于合闸挚子（零件 17）与合闸半轴（零件 16）形成锁扣，阻碍了合闸挚子的转动，由此储能轴无法转动，储能簧的力量得以保持。

当合闸电磁铁（零件 19）动作时，合闸脱扣板将带动合闸半轴顺时针旋转，当合闸半轴缺口旋转到位时，合闸锁扣打开，解除了合闸挚子顺时针转动的约束；在力矩 M2 和摩擦力 F3 产生的反向力矩 M3 的合力矩作用下（M2＞

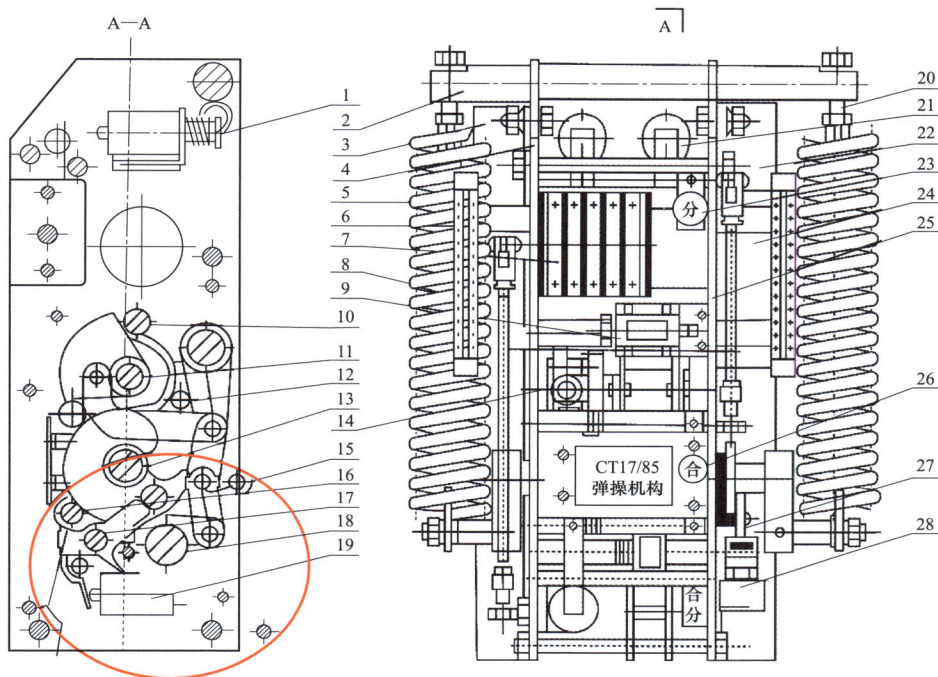

图 9－17　CT17 装配图

1—分闸电磁铁；2—挂簧轴；3—左安装角钢；4—左侧板；5—合闸弹簧；6—接线端子；7—辅助开关；8—辅助开关调节杆；9—计数器；10—输入轴；11—星轴；12—分闸半轴；13—储能轴；14—手动储能摇板；15—四连杆机构；16—合闸半轴；17—挚子；18—输出轴；19—合闸电磁铁；20—弹簧调整螺栓；21—过流脱扣电磁铁；22—右安装角钢；23—手分按钮；24—储能电动机；25—右侧板；26—手合按钮；27—储能指示摇板；28—行程开关

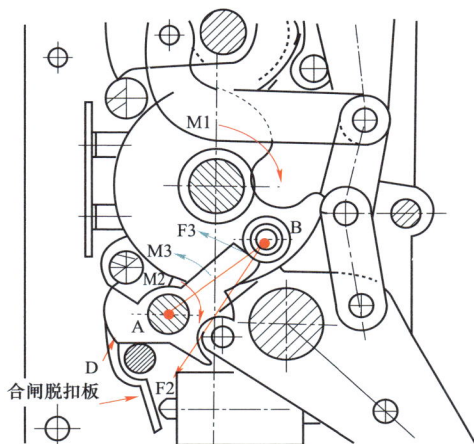

图 9－18　断路器分闸状态，已储能

M3），合闸挚子绕轴心 A 点顺时针旋转，直到合闸挚子的尾部与合闸滚轮脱开；此时，由于储能弹簧的作用，储能轴带动凸轮顺时针旋转，储能弹簧随之释放，机构合闸完成。

需要注意的是，在合闸挚子与滚轮脱离的过程中，应始终保证接触点 C 处的法向线 BC 与 AB 存在夹角。如果 BC 与 AB 重合，F2 力臂将减小，力矩 M2 将趋于 0；同时，摩擦力 F3 的力臂基本不变化，而且较大，如果 BC 与 AB 的夹角过小将出现 M2 不能克服反向摩擦力矩 M3 的情况。当上述两种情况出现时，机构运动进入死区，凸轮将与合闸挚子卡死，合闸失败。

经检查发现，操动机构处于卡死状态，使用金属棒向上敲击合闸挚子 D 点，如图 9−18 所示，操动机构随即动作，完成合闸。这也证明拒动的原因是合闸挚子与滚轮（B 点处）运动出现死区所致。当施加一个外加力矩后，使得合闸挚子继续顺时针旋转并通过死区，才能完成合闸。原有滚轮如图 9−19 所示。

图 9−19　原有滚轮

拆卸机构后发现，滚轮外表存在严重的压痕，内侧也存在磨损。由此，进一步验证了前述分析，导致拒合的原因有两方面因素：

1）滚轮外表磨痕导致合闸挚子的反向摩擦力矩增大，扩大了死区范围；

2）滚轮自身形变导致图 9−18 所示的 C 点位置由于滚轮受到挤压致 BC 变短而向 AB 方向移动，使得 AB 与 BC 的夹角减小。

这两点因素都可能导致断路器操动机构合闸失败。

引起上述两种情况的原因与滚轮自身的热处理工艺有关，根据机构厂家人员所述，这个零件的表面硬度应达到洛氏硬度 45～50，材质为 45 号钢。厂家人员携带的滚轮备件如图 9－20 所示。

图 9－20　厂家人员携带的滚轮备件

从零件表面看，原有零件与备用件工艺有所不同，原零件表面（滚动部位）有明显镀锌层，表面光洁度不高；而备件表面光滑，明显经过外圆磨加工。

更换滚轮前的 5 次合闸电流比对如图 9－21 所示。合闸电流波形上反映出，稳态电流值最小 1.92A、最大 1.94A。说明操作电压存在 1%波动；合闸电流曲线脱扣阶段可以看出，每一次脱扣过程电流曲线存在差异，说明合闸锁扣的扣接力每次都有变化，力矩 M2 每次都有不同；电磁铁铁芯顶杆启动正常，顶杆运动过程未见明显卡涩；辅助断路器转换过程未见异常，一致性较好。

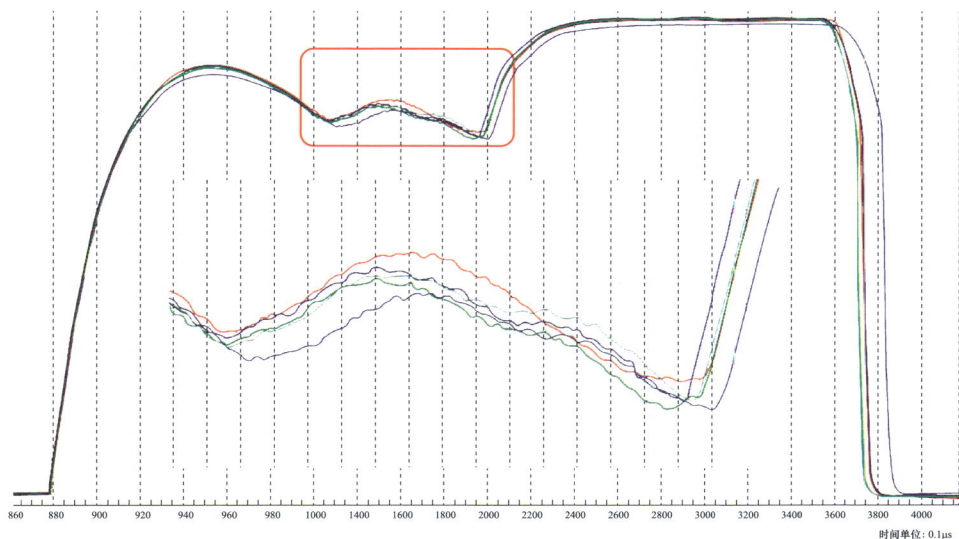

时间单位：0.1μs

图 9－21　更换滚轮前的 5 次合闸电流比对

参 考 文 献

[1] 米尔萨德·卡普塔诺维克. 高压断路器——理论、设计与试验方法 [M]. 北京：机械
     工业出版社，2015.

[2] 李建明，朱康. 高压电气设备试验方法 [M]. 北京：中国电力出版社，2001.

[3] 陈化钢. 电力设备预防性试验方法 [M]. 北京：水利电力出版社，1993.

[4] 西南电业管理局试验研究所. 高压电气设备试验方法 [M]. 北京：水利电力出版社，
     1984.

[5] 段传宗，鄢志平，鄢志辉. 高压断路器故障检测与诊断技术 [M]. 北京：中国电力出
     版社，2014.